机械领域创造性判断及典型案例评析

主编 白光清

副主编 郭震宇 孙红要 杨玲 邓学欣

知识产权出版社
全国百佳图书出版单位

图书在版编目（CIP）数据

机械领域创造性判断及典型案例评析/白光清主编. —北京：知识产权出版社，2017.7

ISBN 978-7-5130-5009-8

Ⅰ.①机… Ⅱ.①白… Ⅲ.①机械—专利申请—中国 Ⅳ.①G306.3

中国版本图书馆 CIP 数据核字（2017）第161738号

内容提要

本书从创造性正确判断的基础即理解发明构思，准确把握发明实质开始，重点介绍了最接近现有技术的选择、技术特征对比与公开内容的认定、技术启示的认定等，并结合相应典型案例，理论联系实践进行案例评析，希望能为我国机械领域企业专利质量提升有所帮助。

责任编辑：王玉茂　　**责任校对**：潘凤越

特约编辑：谭　增　　**责任出版**：刘译文

机械领域创造性判断及典型案例评析

白光清　主编

郭震宇　孙红要　杨　玲　邓学欣　副主编

出版发行：	知识产权出版社有限责任公司	**网　　址**：	http：//www.ipph.cn
社　　址：	北京市海淀区气象路50号院	**邮　　编**：	100081
责编电话：	010-82000860转8541	**责编邮箱**：	wangyumao@cnipr.com
发行电话：	010-82000860转8101/8102	**发行传真**：	010-82000893/82005070/82000270
印　　刷：	北京科信印刷有限公司	**经　　销**：	各大网上书店、新华书店及相关专业书店
开　　本：	720mm×1000mm　1/16	**印　　张**：	12.5
版　　次：	2017年7月第1版	**印　　次**：	2017年7月第1次印刷
字　　数：	180千字	**定　　价**：	45.00元

ISBN 978-7-5130-5009-8

序　言

创造性是授予专利权的核心条件之一，同时也是专利性判断要件中使用最多的条款；机械领域专利申请具有零件细节多、连接关系多、附图多等特点，因此，在机械领域专利案件的创造性评判中，难免存在一些问题，例如“三步法”适用的机械化，缺乏整体原则和对发明构思的考虑等。

国家知识产权局专利局专利审查协作北京中心机械部（以下简称“北京中心机械部”）成立十余年来，积累了大量机械领域的审查经验，为更好地总结经验，服务创新主体，提升专利质量，特组织编写了本书。

本书在对北京中心机械部近年来审查实践的大量案例进行深入分析的基础上，对机械领域创造性评判中容易出现偏差的权利要求保护范围的理解、非显而易见性的把握、公知常识的运用、辅助性判断因素以及实用新型的创造性判断等逐一进行了研究，并结合相关典型案例，深入浅出地探讨创造性的标准适用，以期能够对审查员、专利代理人以及创新主体等从业者具有一定的借鉴和指导意义。由于水平有限，书中不当之处，敬请批评指正。

目 录

第 1 章

绪　论

专利的创造性，是四个在国际上被广泛接受的授予专利权的条件之一，其他三个条件是：新颖性、实用性、充分公开。新颖性和创造性用于保证垄断权利只提供给真正新的发明。其中，创造性是衡量一项专利技术贡献大小，是否值得授权保护的核心所在，因此是各国专利授权条件中的核心要件。

1.1　创造性的历史沿革

研究创造性条款的历史沿革，有助于了解创造性的立法本意和判断标准，从而促进创造性条款运用的合理性和准确性。

众所周知，现代专利制度的基本原理是“以公开换保护”，符合专利性标准的发明将被授予专利权予以保护，而不符合专利性标准的申请将被驳回。专利性标准最早来自于美国 1790 年颁布的专利法。该法案规定，被授予专利权的发明必须是“足够有用并重要的”以及“以前也没有人知晓或者使用过”，即只有类似“新颖性”和“实用性”的概念，并无创造性的概念。虽然在 1790 ~ 1850 年，美国专利法被修正了约 50 次，但美国国会一直将专利性标准限于新颖性和实用性。然而，仅依据这两项授权条件，很多看起来贡献很小但与现有技术又存在区别的发明也能获得授权，这导致美国国内专利授权量大幅增长，引发越来越多的专利纠纷，因此迫切需要对专利性标准提出更新更高的要求。

创造性的概念始于1851年的Hotchkiss案的判决。该案涉及用黏土或陶瓷做成的更耐用和更便宜的门把手，现有技术中的木质材料容易变形或裂开，而金属材料则容易生锈。美国最高法院认为：使用黏土仅仅证明在产品制造过程中应用了为特定目的选择和调整材料的技能，并不能证明更多。由此可见，美国最高法院引入了类似“创造性”的概念，即可被授权的专利应当具有更多的独创性和技术高度，应当比一个该行业的熟练技工掌握得更多，授权专利不仅仅需要满足新颖性和实用性的要求，还应当有更高的要求。

在1876年的Smith案中，美国最高法院第一次采用了后来被称为创造性“辅助判断因素”或“显而易见或非显而易见的标志”的概念。在1891年的Magowan案中，美国最高法院仍然寻求对专利性增加模糊的“创造性才能的创造性贡献”标准。另外，Magowan案认为发明的商业成功是不应当被忽略的事实，在专利性判断中具有重要作用。

从20世纪初至30年代，美国最高法院对专利性标准的态度是复杂的。有时，该法院使用Hotchkiss标准或其变种；有时，该法院使用所谓的主观标准，例如，“创造性天赋”标准、“创造性才智”标准等。美国最高法院和下级法院的判决也缺乏统一的专利性判断标准。因此，美国社会各方面都呼吁建立一个明确统一的创造性判断标准，并对创造性的高度也提出了要求，既要体现出技术进步的贡献，也不能基于“天才”“灵感”等过于模糊、脱离实际的标准。

1952年，美国专利法第103条获得通过，非显而易见性与新颖性和实用性共同成为专利性的条件。这成为美国专利法历史上的一个里程碑，也是世界专利制度发展史的重要进步。第103条规定了非显而易见性：“一项发明，尽管和本法102条所披露或描述的技术不同，但其作为一个整体相对于现有技术在发明完成之前对本领域技术人员来说是显而易见的，则不能获得专利”。该项条款对专利的创造性标准进行了比较明确的定义。

依据美国专利法第103条，现有技术的范围和内容应当被确定；现有技术与有争议的权利要求之间的区别应当被明确；相关技术领域中的一般技术水平应当被确认。在此背景下，就可以确定有关技术方案是否是显而易见的。辅助判断因素，例如商业上的成功、长期存在但未能解决的需求、他人的失败等，可以用来说明与专利申请的独创性有关的一些情况，作为是否显而易见的标志。可见，通过该案明确了非显而易见性判断的基本原则，即后来发展成为的Graham原则，以及辅助性判断因素。

在Graham原则的指导下，通过后续的一系列案件，美国联邦巡回上诉法院总结了一套“教导—启示—动机检验法”（TSM，Teaching - Suggestion - Motivation Test）用来判断发明相对于现有技术是否显而易见。即，如果现有技术中存在某种教导、启示或动机，促使本领域技术人员在做出发明时进行组合，则该发明是显而易见的。Graham原则以及TSM检验法的创立，使创造性的判断更加客观化，得到了社会各界的广泛支持。

但是，TSM检验法也存在过于僵化的问题。2007年，美国最高法院在KSR案中对联邦巡回上诉法院过于僵化地适用TSM检验法进行了修正，KSR案实际上又将创造性判断的客观化限度定位在一个相对合理的位置上。美国最高法院认为，对于非显而易见性的判断，美国最高法院的判例已经确立了一个广泛的灵活判断方法，而美国联邦巡回上诉法院在该案中对TSM检验法的适用不符合美国最高法院已经确立的方法。美国最高法院认为，创造性判断不能局限于教导、启示和动机的形式化概念，或者过分强调出版文献和公开专利的表面内容。技术进步的多样性并不能将分析局限于过于呆板的方式，事实上市场需求远远要比科技文献更能促进技术进步。将专利授予没有创造性的发明，例如将已知要素组合起来的发明，将会剥夺现有技术的价值和用途。

在欧洲，众所周知，英国最早建立了专利制度。此后，德国、法国也建立了自己的专利制度，各国也先后在自己的专利制度中设置了类似创造性的概念和要求。1973 年，欧共体签订了《欧洲专利公约》，规定了专利实质条件。《欧洲专利公约》第 52（1）条规定："对于任何技术领域的所有发明，只要是新的、有创造性并能在工业上应用，授予欧洲专利。"因此，欧洲专利授权的实质条件有四项：属于某一技术领域的发明；具有新颖性；具有创造性；适于工业应用。关于创造性，《欧洲专利公约》中使用了"创造性步骤"（inventive step）一词。《欧洲专利公约》第 56 条规定，如果考虑到现有技术，一项发明对于本领域技术人员不是显而易见的，则应当认定其具备创造性。《欧洲专利公约》通过实体法的方式在立法层面上统一了欧洲专利的创造性标准。在欧洲审查实践中，通常采用的创造性评判方法是"问题—解决方案判断法"，具体步骤包括：（1）确定最接近的现有技术；（2）确定所要解决的客观技术问题；（3）从最接近的现有技术和客观技术问题出发，考虑要求保护的发明对于本领域技术人员来说是否显而易见。可见，欧洲和美国似乎是用了不同的思路来规定创造性，但都共同使用了显而易见性。两者在创造性的判断上并无实质差异。

我国专利制度设立时间较晚，1985 年 4 月 1 日，《中华人民共和国专利法》（以下简称《专利法》）和《中华人民共和国专利法实施细则》（以下简称《细则》）正式施行，标志着新中国专利制度的正式建立。[1] 1984 年、1992 年、2000 年的《专利法》在文字上表述为"创造性，是指同申请日以前已有的技术相比，该发明有突出的实质性特点和显著的进步，该实用新型有实质性特点和进步"；而 2008 年《专利法》表述为"创造性，是指与现有技术相比，该发明具有突出的实质性特点和显著的进步，该实用新型具有实质性特点和进步"。可见，自 1984 年《专利法》实施开始，从立法层面关于创造性的要求没有发生过实质性变化。

---

[1] 新中国成立后，政务院于 1950 年 8 月 11 日曾颁布了《保障发明权与专利权暂行条例》，是新中国第一个有关专利的法规。但自 1953 年至 1957 年，仅发放 6 件发明证书，4 件专利证书，此后陷入停顿。因此，并未真正建立专利制度。

与欧美国家的专利制度经历了长时间的理论和实践探索不同，我国专利制度建立较晚，有关创造性条款的规定基本上参考了欧洲专利局，并没有对创造性作更多的规定和解释。为了将《专利法》中的相关规定具体化，1993 年版《审查指南》[1] 公布，其中第一次将“突出的实质性特点”具体化为了“非显而易见性”，即“发明有突出的实质性特点，是指发明相对于现有技术，对所属技术领域的技术人员来说，是非显而易见的。如果发明是其所属技术领域的技术人员在现有技术的基础上通过逻辑分析、推理或者试验可以得到的，则该发明是显而易见的，不具备突出的实质性特点”。该标准和大多数国家的标准相一致，如《专利合作条约》和《欧洲专利公约》。在判断过程中提出了“整体性原则”，要求在评价发明是否具有创造性时，审查员不仅要考虑技术方案，而且还要考虑发明的目的和效果，将其作为一个整体来看待。

自 1993 年版开始至 2010 年版，先后 4 次修订的《审查指南》都对创造性相关的审查规定进行了改动，其中尤以 2001 年版改动最大。随着《专利法》和《细则》的第二次修改，国家知识产权局于 2001 年对《审查指南》进行修改。2001 年版《审查指南》借鉴了欧洲专利局的“问题—解决方案判断法”（Problem - solution Approach），第一次明确提出了“三步法”的判断方法：

（1）确定最接近的现有技术；

（2）确定发明的区别特征和其实际解决的技术问题；

（3）判断要求保护的发明对本领域的技术人员来说是否显而易见。

其中在第（3）步判断是否显而易见时，“要确定的是现有技术整体上是否存在某种技术启示，即现有技术中是否给出将上述区别特征应用到该最接近现有技术以解决其存在的技术问题（即发明实际解决的技术问题）的启示”。

---

[1] 为了表述方便，本书以 1993 年版、2001 年版、2006 年版和《专利审查指南 2010》分别对《审查指南》进行表述。——编辑注

此后，在2006年版《审查指南》对于“三步法”中的“结合启示”的相关规定中“现有技术是否给出将上述区别特征应用到该最接近的现有技术以解决其存在的技术问题（即发明实际解决的技术问题）的启示，这种启示会使本领域的技术人员在面对所述技术问题时，有动机改进该最接近的现有技术并获得要求保护的发明”，增加了“有动机”一词，以强调在判断结合启示时，应该根据现有技术给出的技术启示是否引导本领域技术人员采用该技术方案作出判断；在“整体性原则中”增加了“技术领域”这个考虑因素，并将该因素置于第一位，体现了对技术领域的重视。

《专利审查指南2010》主要是对2008年《专利法》修订的适应性修改，关于创造性的概念、判断方法等相关规定没有变化。

“三步法”是欧盟及日本、韩国等发达国家和地区普遍采用的审查发明或实用新型是否具备创造性的重要方法，我国专利实践近30年的历史也证明了“三步法”有其合理性和正当性，尤其对有效防止不具备创造性的申请获得发明或实用新型专利发挥了重要的屏障作用。但是，“三步法”是逆向的判断创造性的方法，它并不符合发明或实用新型的形成过程，其最大的缺陷就是容易导致“事后诸葛亮”的错误。作为“三步法”的核心，是否存在“技术启示”的认定有较大的主观因素，但是对于在“技术启示”的判断中如何防止“事后诸葛亮”，客观地认定“结合启示”，除了2006年版《审查指南》修订时增加的“有动机”一词之外，相关内容在历次审查指南中并没有明确体现。

纵观创造性的历史，创造性从无到有，创造性的判断标准也从开始的混乱不统一到逐渐清晰统一，这与社会、经济的发展分不开，与人类追求技术创新的永恒精神分不开，体现了各国对专利制度的重视程度，以及不断完善的追求精神，每一次的变化都会深深影响技术、经济的发展，反过来也促进了专利创造性进一步完善。

中国专利制度基本是移植国外的专利制度，没有经历如美国、欧洲那样很长时期的专利条款发展的历史。因此，在理解和把握创造性条款的时候，很少追本溯源，从根源出发考虑其运用，导致目前对于创造性条款的使用存在诸多问题。通过这些历史沿革变化，期望能够更加充分了解到创造性的立法本意、立法宗旨，由此在创造性的判断中能够更准确把握标准和高度，为我国创新型国家的建设保驾护航。

1.2 创造性判断中的主要问题

创造性是专利性判断要件中使用最多，也是最难以把握的条款。据统计，2010～2014年，国家知识产权局专利复审委员会作出的复审决定共33409件，涉及发明专利申请的决定为32122件，其中涉及创造性的决定为20650件，占复审决定总数约62%（实用新型专利申请的复审不涉及创造性）。作出的无效决定共8982件，涉及发明专利的决定为1734件，其中涉及创造性的决定为1396件，占无效决定总数约16%；涉及实用新型专利的决定为4313件，其中涉及创造性的决定为3536件，占无效决定总数约39%。

2010～2014年，北京市第一中级人民法院知识产权庭和北京知识产权法院一审审结专利授权确权行政案件数量分别为：484件、565件、671件、708件、452件，北京市高级人民法院知识产权庭二审审结专利授权确权行政案件数量分别为：289件、262件、378件、405件、377件。涉案专利中45%涉及发明专利，40%涉及实用新型专利，其中涉及创造性的案件占比为50%。

机械领域涵盖的范围非常广，涉及人们生活和工业的方方面面，是目前专利申请量最大的一个领域，相关从业人员也非常多，创造性判断中存在的一些共性问题也暴露出很多，包括以下几个方面。

1.2.1 创造性判断中的事实认定

事实认定是专利创造性判断中的基础性问题，不仅会影响到审查结论，同时也会影响整个审查过程中的说理和论述，正确的事实认定是后期作出正确推理和结论的前提。事实认定主要包括对于申请文件的事实认定和对于证据的事实认定，在创造性的判断过程中，通常指的是检索到的对比文件。在事实认定过程中通常存在以下问题：一是对于权利要求保护范围的理解和把握不够准确，不能从整体上把握权利要求的技术方案，割裂地理解权利要求，忽视权利要求中各个特征之间的关系，导致对权利要求整体的事实认定不清；二是对对比文件公开的信息认定不准确，例如仅注意到对比文件局部的内容，没有整体理解技术方案；对附图公开的信息认定不准，对隐含公开的认定存在随意性等。

1.2.2 突出的实质性特点的判断

在目前的审查实践中，对于突出的实质性特点，普遍采用“三步法”作为其判断方法。由于“三步法”体现了审查标准客观化、具体化的要求，而且在审查指南中进行了强化，因此成了我国判断创造性最常用的几乎是唯一的基准，审查员要进行严格特征对比，找到区别技术特征，寻找技术启示。在没有充分领会“三步法”背后体现的创造性中非显而易见的深层含义的情况下，很容易仅进行机械的特征对比，过分关注特征的对比和对应，不能把握发明的实质，无视发明构思和技术方案的整体性，简单僵化得到是否具备创造性的结论，导致创造性评判偏离创造性的立法本意。例如，机械领域中的常见机械产品基本上都是由各个部件组成的，它们之间的连接关系、配合关系以及各自在产品中所起的作用是非常重要的，如果在评判创造性时不考虑这些因素，仅进行机械的、割裂式的特征对比，很容易造成创造性判断结论不准确。

虽然现行审查指南在对于创造性审查原则的规定中，强调将发明作为一个整体看待，同时也指出，在判断发明对于本领域技术人员来说是否显而易见时，应考虑现有技术整体上是否存在某种技术启示，对发明本身和现有技术进行整体把握，但未在理论上进行详细阐述，也未说明在进行整体把握时应考虑的因素，缺乏实际的操作方式和明确的指引。

1.2.3 创造性辅助判断标准的把握

从创造性的历史发展中了解到，判断专利的创造性还应该考虑辅助性因素。《专利审查指南2010》第二部分第四章第5节规定了创造性的辅助判断标准：（1）发明解决了人们一直渴望解决但始终未能获得成功的技术难题；（2）发明克服了技术偏见；（3）发明取得了预料不到的技术效果；（4）发明由于其技术特征直接导致在商业上获得成功。但这些辅助性因素在创造性的判断中该如何考虑，其与作为一般判断基准的三步法之间是什么关系，在什么情况下可以采纳辅助性判断因素，这些都是创造性判断中比较难以把握的内容。机械领域中，发明克服了技术偏见和发明取得了预料不到的技术效果是申请人经常用来作为创造性争辩的理由，也是创造性辅助判断标准中审查员最常遇到的两种类型，本书将重点针对这两种类型进行分析研究。

1.2.4 实用新型创造性标准的把握

实用新型专利是我国专利制度3种专利类型之一，对促进我国经济发展起到了非常重要的作用。机械领域相关的实用新型专利申请占整个专利总量相当大的比重。在实务方面，对实用新型创造性的判断，通常在实用新型被授予专利权之后，其主要通过两类程序来体现：一是实用新型检索/评价报告；二是无效宣告程序。专利法对发明和实用新型创造性标准的规定存在不同，但是现有的法律法规针对上述不同不能给出足够清楚的阐释，导致在面对实用新型创造性判断的问题时，没有明确的判断标准以得出准确的结论。本书将针对上述问题，梳理主要国家和地区关于实用新型创造性的规定，并尝试提出适于操作的实用新型创造性判断方法。

本书将对机械领域创造性评价中容易出现偏差的事实认定、难以把握的非显而易见性的判定标准、创造性“三步法”的使用、公知常识的运用、辅助性判断因素以及实用新型的创造性判断进行研究，并结合机械领域的典型案例，深入浅出地探讨创造性评判的标准适用，以期能够对审查员、专利代理人等专利行业的从业者具有一定的借鉴和指导意义。

第 2 章

创造性判断的基础——准确把握发明实质

一项发明创造的形成过程一般需要历经目的、构思、手段、方案四个阶段，即从目的出发，明确任务，通过分析，提出解决上述任务的构思，并通过相应的技术手段形成体现发明构思的技术方案。目的是一项发明创造的起因，对其准确理解是正确理解专利申请的前提；构思是一项发明的灵魂，对其正确的理解和体会是把握发明实质的关键；手段体现了创新能力大小，是专利申请的精髓；方案是成果，体现了专利申请的全貌。可见发明构思来源于发明创造的过程，是发明人为解决技术问题所提出的思路和想法，因此正确体会发明构思，准确把握发明实质，是正确理解申请人专利申请诉求、进行创造性评判的基石。

为理解和体会一件专利申请的发明构思，准确把握发明实质，应该站在本领域技术人员的立场，从整个申请文件记载的背景技术出发，并结合该领域的公知常识，基于发明所要解决的技术问题，明确申请人对现有技术改进的思路和想法。

权利要求是创造性审查的对象。通常而言，权利要求体现了申请人的发明构思，包括与要解决的技术问题密切相关的关键的技术手段，因此要进行创造性的客观判断，应从权利要求的合理解读入手，准确把握发明实质。具体来说，首先，权利要求是由其中的特征组合而成的，在确定保护范围时，准确理解其中每个特征含义及其在技术方案中的作用是权利要求保护范围确定的基础。其次，权利要求中请求保护的技术方案包含了多个技术特征，这些技术特征与要解决的技术问题的关系不同，因此它们在技术方案中的地位是不一样的。权利要求中体现发明构思的技术特征所构成的技术手段构成了关键性技术手段，这些技术手段是否显而易见的认定直接关系到权利要求的显而易见评判。而正确体会发明构思，会有助于了解发明产生时的社会需求、经济和技术条件，和从整体上确定发明产生时该领域的技术水平和发展趋势，这对于确定技术手段在当时是否是公知常识，现有技术是否有结合启示都有极大帮助。最后，在对于权利要求的技术特征进行解释时，还应从专利审查在整个专利制度和运行体系中的角色和作用出发，明确其职责和定位，尽可能帮助申请人确定清晰、合理、稳定的权利范围。

2.1 关于权利要求解读的比较法分析

我国《专利法》第59条规定了发明专利权的保护范围，即“发明或者实用新型专利权的保护范围以其权利要求的内容为准，说明书及附图可以用于解释权利要求的内容”，该法条是发明专利申请实质审查在进行权利要求解读时的根本依据。

此外，在《专利审查指南2010》中，对于权利要求的解读，在不同的章节中也分别给出了相关的规定，具体如下表所示。

第二部分相关章节	涉及的内容
第二章第3.1.1节　权利要求的类型	主题名称中含有用途限定的产品权利要求保护范围的确定
第二章第3.2.1节　以说明书为依据	功能性限定的技术特征的解读
第二章第3.2.2节　清楚	权利要求中词语的解读；自定义词解读
第二章第3.3节　权利要求的撰写规定	开放式权利要求和封闭式权利要求的解读；数值范围相关用语的解读
第三章第3.2.5节　包含性能、参数、用途或制备方法等特征的产品权利要求	包含性能、参数、用途、制备方法等特征的产品权利要求的解读

可以看出，我国的专利审查指南对于权利要求的解读并没有集中在专门的章节中予以规定，而是根据所涉及的具体内容分散在不同的章节中，给出了若干具体的操作指南。

美国在其专利审查指南 MPEP 中用专门一个章节规定了权利要求解读需要遵循的原则和一些具体问题。其中，在进行权利要求的解读时需要遵循的基本原则称为“最宽泛的合理解释”（Broadest Reasonable Interpretation）原则，该原则的含义为在专利申请的审查过程中，应当根据申请文件的内容，给予权利要求最宽泛的合理解释。MPEP 中认为，因为在专利申请的审查过程中，申请人拥有修改权利要求的机会，采用上述“最宽泛的合理解释”的原则，可以减少在申请授权后权利要求被不当地解释为具有较大保护范围的可能性。MPEP 中还指出，美国专利商标局（USPTO）在专利申请的审查程序中对于权利要求的解读方式与法院在侵权诉讼中对于权利要求的解读方式可以不同。USPTO 可以在考虑申请文件给出的定义或其他内容的基础上，基于本领域技术人员的通常理解，给予权利要求中的词语最宽泛的合理解释。

总体来说，MPEP 中关于权利要求解读部分的最大特点在于开宗明义的提出了一个基本原则，即“最宽泛的合理解释”（Broadest Reasonable Interpretation）原则，并基于该原则给出了若干具体的规定，并通过引用大量的法院判例对于基本原则的应用和规定的适用进行了阐释。

关于专利权的保护范围，《欧洲专利公约》第 69（1）条规定：一份欧洲专利或欧洲专利申请的保护范围由权利要求书的内容确定，说明书和附图可以用于解释权利要求。此外，《欧洲专利公约》针对该条款专门附加了一个议定书，进一步规定了确定权利要求保护范围时应注意的问题。

欧洲专利局在其专利审查指南中对于权利要求解读的相关规定为：权利要求中的用词应当理解为相关技术领域通常具有的含义，除非在特定的情况下，说明书中通过清楚的定义，指明了某词具有特定的含义。并且，在这种情况下，审查员也应当尽可能通过修改权利要求，使得根据权利要求本身的表述即可明确其含义。这是因为，对于一件欧洲专利，只有权利要求书会采用欧洲专利局的全部三种官方语言予以公布，而说明书仅以其申请语言予以公布。权利要求还应当以使其具有技术含义的方式进行解读，而不是仅仅局限于权利要求中词语的字面含义进行解读。注意，不能根据《欧洲专利公约》第 69 条及其议定书的相关规定，将权利要求中词语所涵盖的内容排除在保护范围之外。

在欧洲专利局的判例中，对于权利要求的解读作了详细的说明，特别是深入讨论了如何使用说明书和说明书附图来解读权利要求。欧洲专利局的上诉委员会（Boards of Appeal）在其作出的一些决定中引用了《欧洲专利公约》第 69 条，使用说明书和说明书附图中的内容对权利要求的保护范围进行了限定，在另外一些决定中又强调《欧洲专利公约》第 69 条及其议定书的相关规定主要适用于司法机构在专利侵权案件的审判中。为了澄清上述两种看似相互矛盾的做法，上诉委员会在 T 556/02 号决定中认为：上诉委员会所依据的是贯穿于《欧洲专利公约》中的一个基本原则，即专利申请文件应当被视为一个整体来解读。可见，在这里上诉委员会强调了在权利要求的解读中应当遵循“整体原则”。

与美国类似，欧洲专利局的上诉委员会也认为在专利侵权诉讼和专利申请的审查程序中，对于权利要求的解读是存在不同的。在 T 1279/04 号决定中，上诉委员会指出：《欧洲专利公约》第 69（1）条及其议定书的相关规定主要涉及的是侵权诉讼中权利要求保护范围如何确定的问题，这些规定的作用在于确定出权利要求合理、公平的保护范围。与此不同的是，在专利申请的审查和专利权的异议程序中，欧洲专利局的审查部门和上诉委员会最为关注的是所授予专利权的确定性。为了达到该目的，最好的办法就是通过修改权利要求，使得其中的词语含义清晰明确，以保证所授予专利权的确定性。

2.2 创造性审查中权利要求解读的基本原则与方法

在新颖性/创造性的审查中，当检索到对比文件之后，对权利要求进行解读是首先要进行的工作，其实质是对于权利要求中各个词语的含义进行解读。虽然，从理论上说，应当先对权利要求进行解读，之后判断对比文件是否公开了相应的技术特征，两个步骤是相互分离的，但是在实际的审查工作中，上述两个过程往往是交织在一起进行的，是将权利要求中的全部技术特征与对比文件公开的内容逐一进行对比来进行新颖性、创造性的判断，这一过程是专利审查实践中最为常见的事实认定的模式。也就是说，在进行权利要求的解读时，我们并不是在考虑“权利要求的保护范围是什么?”或者“这个技术特征的含义包括什么?”的问题，而是通过权利要求中词语与对比文件内容的对比，考虑“这个技术特征的含义是否包括了对比文件公开的相关内容?”在上述对比中，审查员逐渐明确了权利要求保护范围的边界，勾画出其轮廓，为后续的审查奠定了基础。

因此，在本节对于权利要求解读相关问题的讨论中，也不是仅仅分析权利要求中某个技术特征的含义是什么，而是通过对比来判断该技术特征的含义是否可以被解读为包括了对比文件公开的相应内容。

在现代专利制度中，权利要求的主要作用在于向社会公众明示专利权的范围。从我国近年来专利制度的发展和专利相关法律法规的演变来看，一个显著的趋势就是在逐渐强化权利要求的公示性和划界作用。专利申请的实质审查程序作为专利权产生过程中的一个重要环节，其相关规则的制定必须考虑如何使得授予的专利权范围清晰合理，权利稳定适当，这是专利制度得以有效运行的基石。

在专利申请的审查中，申请人、代理人代表申请人一方的利益，希望获得保护范围尽可能大的专利权，专利局审查部门则代表社会公众一方的利益，希望授予的专利权合理，避免由于保护范围过大而不当侵占了社会公众的利益。在这样的前提下，在对专利申请的新颖性、创造性审查时，应当以权利要求的内容为准，对于权利要求中的词语，应当基于本领域技术人员在阅读完整申请文件后对该词语的理解，结合专利申请的发明构思，在合理的限度内，将其解读为尽可能大的范围。上述这种权利要求的解读方法可以引导申请人通过修改权利要求，将其希望保护的技术方案与现有技术更加明确地区别开来，使得其权利的边界更为清晰合理。如果在专利申请的审查过程中，过多地将说明书中的内容带入对于权利要求的解读中，导致不恰当地认为权利要求仅限定了一个相对较小的保护范围，从而没有使用现有技术对申请的新颖性、创造性进行质疑，那么在授权后可能出现的侵权诉讼中，专利权人将会尽可能地将其专利权的保护范围进行扩大化解释，也就有可能导致其得到了一个不合理的、过大的保护范围，损害了社会公众的利益。

在专利申请的审查程序中和在专利侵权的民事诉讼程序中，权利要求的解读都是一个关键的环节，两者的依据也都是《专利法》第 59 条，那么两种程序中对于权利要求的解读存在怎样的关系，也是一个需要讨论的问题。

关于专利授权确权程序与专利民事侵权程序中权利要求解释方法的一致性与差异性，最高人民法院给出了如下观点：无论在专利授权确权程序还是在专利民事侵权程序中，客观上都需要明确权利要求的含义及其保护范围，因而需要对权利要求进行解释。在上述两个程序中，权利要求的解释方法既存在很强的一致性，又存在一定的差异性。其一致性至少体现在如下两个方面：一方面，权利要求的解释属于文本解释的一种，无论是专利授权确权程序还是专利民事侵权程序中对权利要求的解释，均需遵循文本解释的一般规则；另一方面，无论是专利授权确权程序还是专利民事侵权程序中对权利要求的解释，均应遵循权利要求解释的一般规则。例如均应遵循专利说明书及附图、专利审查档案等内部证据优先、专利申请人自己的解释优先等解释规则。

但是，由于专利授权确权程序与专利民事侵权程序中权利要求解释的目的不同，两者在特殊的个别场合又存在一定的差异。在专利授权确权程序中，解释权利要求的目的在于通过明确权利要求的含义及其保护范围，对专利权利要求是否符合专利授权条件或者其效力如何作出判断。基于此，在解释权利要求用语的含义时，必须顾及专利法关于说明书应该充分公开发明的技术方案、权利要求书应当得到说明书支持、专利申请文件的修改不得超出原说明书和权利要求书记载的范围等法定要求。若说明书对该用语的含义未作特别界定，原则上应采用本领域普通技术人员在阅读权利要求书、说明书和附图之后对该术语所能理解的通常含义，尽量避免利用说明书或者审查档案对该术语作不适当的限制，以便对权利要求是否符合授权条件和效力问题作出更清晰的结论，从而促使申请人修改和完善专利申请文件，提高专利授权确权质量。在专利民事侵权程序中，解释权利要求的目的在于通过明确权利要求的含义及其保护范围，对被诉侵权技术方案是否落入专利保护范围作出认定。在这一程序中，如果专利保护范围字面含义界定过宽，出现权利要求得不到说明书支持、将现有技术包含在内或者专利审查档案对该术语的含义作出过限制解释因而可能导致适用禁止反悔原则等情形时，可以利用说明书、审查档案等对保护范围予以限制，从而对被诉侵权技术方案是否落入保护范围作出更客观公正的结论。因此，专利权利要求的解释方法在专利授权确权程序与专利民事侵权程序中既有根本的一致性，又在特殊场合下体现出一定的差异性。当然，这种差异仅仅局限于个别场合，在通常情况下其解释方法和结果是一致的。

2.3 基于本领域正常理解，以权利要求内容为准

《专利法》第59条第1款有明确规定："发明或者实用新型专利权的保护范围以其权利要求的内容为准，说明书和附图可以用于解释权利要求的内容"。对于权利要求中的词语，应当理解为本领域通常的含义。如果权利要求中某个词语的含义对于本领域技术人员来说足够清楚和明

确，一般不需要通过说明书中的相关内容对其进行解释。特别是不能参考说明书，采用明显背离权利要求中词语本意的理解方式对权利要求进行解读。

【案例2-1】一种在挤出成型机中计量多种不同的物料成分并将其混合的方法及装置

【案例简介】该发明涉及一种在挤出成型机中计量多种不同的物料成分并将其混合的方法及装置。

该装置中包括多个独立的计量装置10，每个计量装置10中均包括一物料料斗12，其中分别存放有待混合的不同成分的物料。每个计量装置10还包括一重量测量装置14，用于称量物料料斗12中物料的重量；以及一物料输送装置16，例如，电机驱动的螺旋输送器，用于按照一定的物料输送速率将物料从物料料斗12输送出去。每个计量装置10还包括一控制装置20，该控制装置20与重量测量装置14和物料输送装置16相连接，控制装置20根据重量测量装置14测得的物料料斗12中物料重量的变化得到每个计量装置10的物料输送速率，同时，控制装置20还控制物料输送装置16的电机，使其按照一定的速率旋转，从而进行物料的输送。

各计量装置10中不同成分的物料分别经各自的物料输送装置16进入混合料斗30中，在其中进行混合后，经卸料口30c进入挤出成型机5中。该装置中还设有称量装置40，用于称量混合料斗30中混合物料的重量。

主控制器50与称量装置40相连接，通过接收称量装置40的测量值来得到混合料斗30中混合物料的重量随时间的变化情况，从而得到从混合料斗30向挤出成型机5的混合物料输送速率。该主控制器50还与各计量装置10的控制装置20相连接。

当该装置工作时，主控制器50根据称量装置40的测量结果和所需要的物料挤出速率来控制各个计量装置10中物料输送装置16的输送速率，既保证各物料成分按规定的成分配比进行输送和混合，又同时保证混合料斗30中混合物料的量维持在大致稳定的范围内（见图2－1中W1线和W2线之间）。

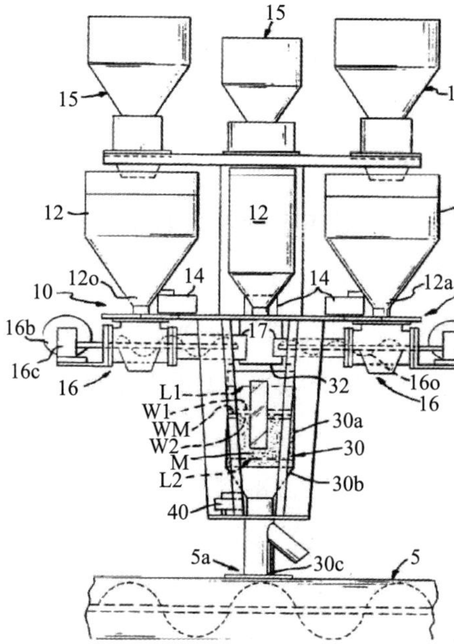

图2－1

本发明的权利要求1如下：

1. 一种计量输送至物料处理装置中的不同物料成分的方法，包括以下步骤：

（1）以一定的物料输送速率向一混合料斗中输送多种不同的物料成分；

（2）以一输送速率从所述混合料斗向所述物料处理装置中输送物料；

（3）确定所述混合料斗中物料重量的变化量；

（4）根据各不同的物料成分向混合料斗中输送物料速率的总和和从所述混合料斗向所述物料处理装置中输送物料的输送速率，确定所述物料处理装置的物料处理速率；

(5) 根据所需要的物料处理装置的物料处理速率，分别控制各不同的物料成分向混合料斗的输送速率，以在所述物料处理装置的物料处理速率下，维持混合物料中各成分的预定配比。

在该申请的审查过程中，审查意见通知书认为权利要求1的步骤(2)和步骤(4)中的“输送速率”含义相同，因为从权利要求1本身的表述来看，两者都指的是“从所述混合料斗向所述物料处理装置中输送物料”的“输送速率”。

在意见陈述中，申请人对于上述技术特征的含义提出了不同的看法。申请人认为，权利要求应当以使其具备技术意义，体现发明的本意，以及符合专利法相关规定（例如，清楚、支持等）的方式进行解读。在该发明的权利要求1中，“物料处理装置的物料处理速率”可以理解为挤出成型机的物料挤出速率，该速率与混合料斗向挤出成型机中输送物料的速率是相等的，即权利要求1步骤(4)中的“物料处理装置的物料处理速率”与步骤(2)中的“输送速率”含义应当是相同的，假设该速率为A。如果将权利要求1步骤(4)中的“从所述混合料斗向所述物料处理装置中输送物料的输送速率”认为与步骤(2)中的“输送速率”含义相同，也是速率A，那么权利要求1步骤(4)的限定将成为“根据速率A和一其他量（各不同的物料成分向混合料斗中输送物料速率的总和），确定速率A”，这样的限定在技术上是不符合逻辑，没有技术意义的。因此，权利要求1步骤(4)中的“输送速率”不应当被理解为与步骤(2)中的“输送速率”含义相同。

【案例解析】在该案中，涉及了在权利要求解读时需要考虑的两个方面，一个是权利要求中的词语应当理解为其在本领域中通常的含义，另一个是对于权利要求中词语的理解，应当考虑发明构思，使得该解读具备意义。

其中，第一个方面体现了从权利要求本身出发，基于本领域的通常认知，对权利要求的词语进行解读。第二个方面则需要考虑说明书的内容，对权利要求中词语的含义进行合理的限制。可见，以上两个方面的出发角度不同，对于范围的解读倾向也不同。在实践中，如何权衡以上两个方面，以使得最终解读出的含义合理、恰当，是值得讨论的问题。

对于该案，权利要求1步骤（2）和（4）中的“输送速率”都伴随有共同的限定，即“从所述混合料斗向所述物料处理装置中输送物料”，本领域技术人员在阅读完权利要求1后，会明确地认为，上述两个“输送速率”的含义是相同的。从本发明的说明书来看，申请人也没有明确指明，两个“输送速率”在不同步骤中表示不同的意义，即使阅读完说明书后，本领域技术人员也无法明确认定两个“输送速率”不同。也就是说，本发明的说明书中也没有提供足够明确的说明或指引，以使得本领域技术人员对于两个“输送速率”的含义会产生不同的理解。可见，根据上述第一个方面，在本领域中，上述两个“输送速率”的通常含义是相同的。

考虑上述第二个方面，申请人认为的“权利要求应当以使其具备技术意义，体现发明的本意，以及符合专利法相关规定的方式进行解读”。这种观点在某种意义上是正确的，但前提是权利要求中词语的含义不够明确，可以有不同的理解，这时，可以根据上述原则，将那些明显不具备技术意义或者是过于极端的理解方式排除在外，即上述原则的适用场合是“个别排除式”的，是将根据词语字面含义所得到的多种可能性中那些明显不合适的排除。但是，当权利要求中的词语本身的含义对于本领域技术人员来说足够明确时，在审查时就应当基于该含义进行审查，而不应当以理解为该含义的词语不具备技术意义，或是与发明构思相违背，或是可能存在不清楚、不支持等其他问题为理由，将该词语本身明确的含义转向不同的方向进而理解为其他的含义，即上述原则的使用不能是“整体否定式”的。

在该案中，本领域技术人员对于权利要求1步骤（4）中的“输送速率”的理解应当是与步骤（2）中的相同，并且这一理解应当是明确的，并不存在任何疑问。综合以上分析，该案权利要求1中的两处“输送速率”应当按照本领域通常的方式理解为含义相同，申请人陈述的理由属于不恰当的引用说明书中的内容对权利要求进行解释，是不被接受的。

2.4 站位本领域技术人员，进行最宽泛的合理解释

对于权利要求中词语的解读，一方面需要考虑本技术领域中该词语的通常含义，另一方面要考虑发明的总体发明构思，最终解读出的含义不能与上述两方面相违背。在这样的限制下，可以将该词语的含义解读为尽可能大的合理范围。

在将权利要求向尽可能大的范围进行解释时，应当注意限定在“合理”的范围内。对于每一个技术特征，解读出的含义是否使得该技术特征具有“技术意义”，是衡量该解读是否“合理”的重要标志。如果一种解读的方式虽然仅从字面含义上看可以接受但实际上不具备“技术意义”，那么该解读方式就是不正确的。

【案例2－2】一种可监测渗漏的输送管道

【案例简介】该发明涉及一种可监测渗漏的输送管道，属于管道渗漏检测领域，其所要解决的是现有技术中将传感器直接安装到输送管道内，由于输送流体的流量等受到干扰，导致检测的结果可靠性差的问题。权利要求1如下：

1. 一种可监测渗漏的输送管道，包括相互连接的多节管道，其特征在于：所述的多节管道的每节管道的管壁为密封的夹层（1），在密封的夹层（1）内安装有能检测所输送流体的传感器（3）（见图2－2－1）。

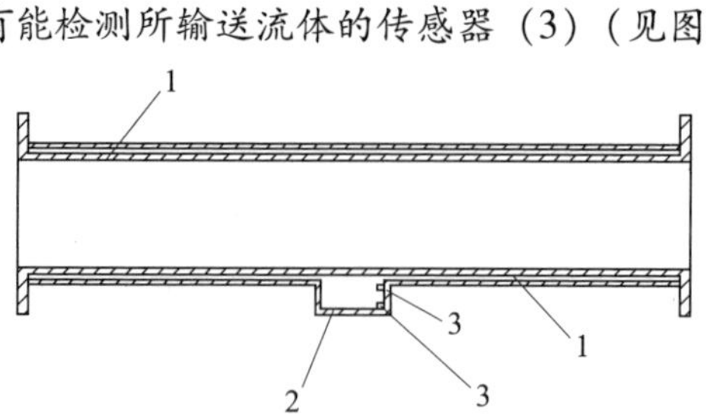

图2－2－1

对比文件1公开如下内容：

复合钢管的内衬层泄漏检测装置包括钢管1，衬于钢管内壁的非金属层2，所述钢管1的管壁上设置有小孔3，小孔3内安装有管道液体传感器4，管道液体传感器4与指示装置5连接。当内衬非金属层2破损时，管道内液体进入非金属层与金属层之间，于是传感器检测到泄漏液体，并将信号传递给指示装置（见图2－2－2）。

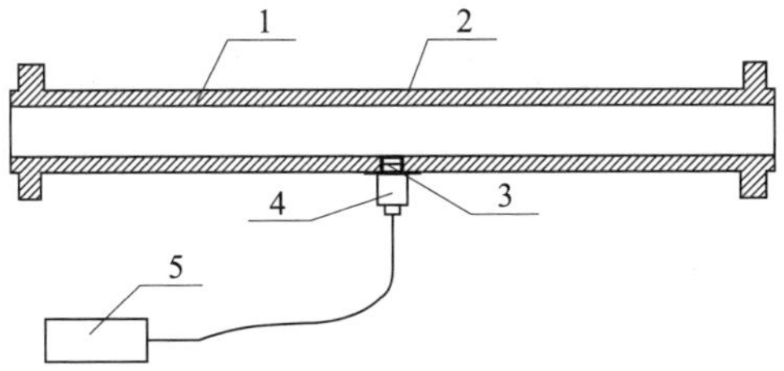

图2－2－2

该案涉及的第一个问题是对于技术特征“密封的夹层”的解释，以及判定对比文件1中的复合钢管结构是否可以认为是“密封的夹层”；涉及的第二个问题是判定对比文件1是否公开了技术特征“在密封的夹层内安装有能检测所输送流体的传感器”。

【案例解析】从该发明要解决的技术问题来看，现有技术中将传感器直接安装到输送管道内，由于输送流体的流量等受到干扰，导致检测的结果可靠性差，为了解决上述问题，本发明设置了内外两层的管道结构，并通过检测是否有液体泄漏到该“密封的夹层”中来检测管道的泄漏，言外之意，在管道没有泄漏的正常状态下，该“密封的夹层”中是没有液体的。可见，这里“密封的夹层”可以是仅指内外两层管道之间形成的空间，也可以是指包括内管、外管和它们之间形成的空间这三个部分的整体结构。从权利要求1后面的技术特征“在密封的夹层内安装有能检测所输送流体的传感器”来看，上面两种解释也都是可以接受的。可见，在综合分析权利要求记载的内容和说明书的内容之后，可以得到上述两种解释的结果。结合之前论述的对于权利要求保护范围进行最宽泛的合理解释的原则，可以认为“密封的夹层”包括了上述两种解释结果。

在上述认定的基础上分析对比文件1。对比文件1的钢管和内衬层同样形成了两层结构，并且同样是通过检测泄漏到该两层结构之间的液体来检测液体的泄漏，而会有液体进入非金属内衬层与金属层之间，说明两者之间也存在空隙，因此，可以认定对比文件1的管道同样包括了“密封的夹层”。

第二个问题是判定对比文件1是否公开了技术特征“在密封的夹层内安装有能检测所输送流体的传感器”。对于之前“密封的夹层”的两种解释，分别来分析对比文件1是否公开了该技术特征。对于将“密封的夹层”解释为仅指内外两层管道之间形成的空间的情况，对比文件1的传感器设置在钢管管壁的小孔中，并不是设置在非金属内衬层与金属层之间的空隙。可见，基于该解释，对比文件1并未公开上述技术特征。对于将“密封的夹层”解释为包括内管、外管和它们之间形成的空间这三个部分的整体结构的情况，对比文件1由于将传感器设置在了外管的管壁中，也可以认为设置在了包括外管的“密封的夹层”中，基于该解释，可以认为对比文件1公开了上述技术特征。由于之前已经认定了“密封的夹层”包括了两种情况，既然对比文件1公开了其中一种，也可以认为对比文件1公开了技术特征“在密封的夹层内安装有能检测所输送流体的传感器”。

回顾之前对于权利要求1的分析，对于技术特征“密封的夹层”的解释，基于权利要求记载的内容，充分考虑了说明书的内容，但是又未局限于说明书记载的技术方案。从说明书整体公开的内容来看，申请人所谓“密封的夹层”的本意，更倾向于第一种解释，但考虑到权利要求1中“密封的夹层”的表述并无法清晰地表达这一解释，并且从权利要求限定的方案，说明书公开的内容和本领域的通常理解来说，第二种解释也是成立的，所以最终认定上述两种解释都是成立的。这一判断过程体现了之前的最宽泛的合理解释的原则。

在审查实践中，基于上述解释认为对比文件 1 公开了权利要求 1 中的相应技术特征，并发出审查意见通知书，申请人可以通过修改或意见陈述，明确其权利要求 1 的“密封的夹层”仅仅包括上述第一种解释，而排除第二种解释。这样的事实认定方式和审查策略很好地实现了专利审查的功能，将权利要求的保护范围进行了合理的缩小，修改后的保护范围更加清晰、合理、稳定。由于“禁止反悔原则”，上述被排除的第二种解释也不再属于与“密封的夹层”相同或等同的技术特征，对专利权的保护范围进行了合理的限制。

【案例 2-3】磁悬浮惯性飞轮高压气能发电机

【案例简介】该发明涉及一种磁悬浮惯性飞轮高压气能发电机，结构为在整体支架 1 的底部装有固定永磁体 2，与其对应的旋转永磁体 3 固定装于旋转轴 4 的底端，旋转轴的中部安装有惯性飞轮 5，其上部设有气动槽 6，与其对应的是高压气喷管 9，其上有喷气控制开关 10，高压气喷管 9 联接着高压贮气罐 11，旋转轴的顶部装设有永磁体 7，与其对应的是发电线圈 8。其中，旋转永磁体 3 与固定永磁体 2 相对的面磁极性相同，在两者之间产生斥力，藉此为旋转轴 4 在轴向上提供了磁悬浮支撑。在旋转永

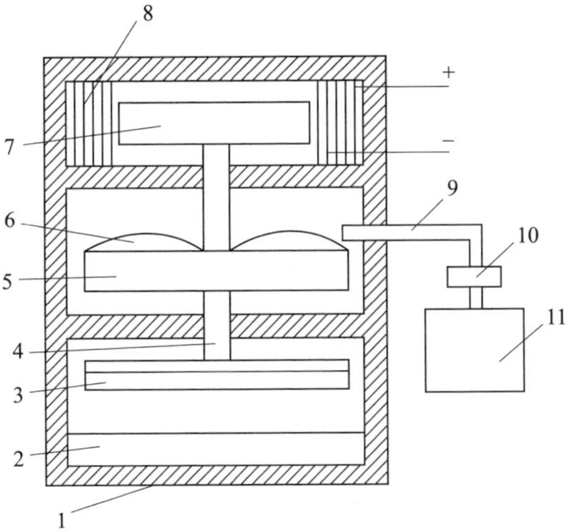

图 2-3-1

磁体3的底面上开设有斜齿槽，在旋转永磁体3旋转时，该斜齿槽能够使磁力线的分布发生改变，提高磁悬浮支撑的稳定性（见图2-3-1）。

权利要求1如下：

1. 磁悬浮惯性飞轮高压气能发电机，包含永磁体，惯性飞轮，发电线圈，高压贮气罐，其特征是：在整体支架（1）的底部装有固定永磁体（2），与其对应的旋转永磁体（3）固定装于旋转轴（4）的底端，旋转轴的中部安装有惯性飞轮（5），其上部设有气动槽（6），与其对应的是高压气喷管（9），其上有喷气控制开关（10），联接着高压贮气罐（11），旋转轴的顶部装设有永磁体（7），与其对应的是发电线圈（8），旋转永磁体（3）的底面开设有斜齿槽。

对比文件1公开了如下内容：

一种采用悬浮/储能一体化飞轮的磁悬浮飞轮储能装置，永磁型径向磁悬浮轴承A定子2、永磁型轴向磁悬浮轴承定子3、电动/发电机定子4、永磁型径向磁悬浮轴承B定子5均固定在外壳1内部。永磁型径向磁悬浮轴承B转子6、电动/发电机转子8、悬浮/储能一体化飞轮A9、悬浮/储能一体化飞轮B10和永磁型径向磁悬浮轴承A转子11均套装在主轴7外部。其中，永磁型径向磁悬浮轴承A转子11位于永磁型径向磁悬浮轴承A定子2内端面形成的轴孔中，且永磁型径向磁悬浮轴承A转子11外端面与永磁型径向磁悬浮轴承A定子2内端面之间存在微小气隙（见图2-3-2）。

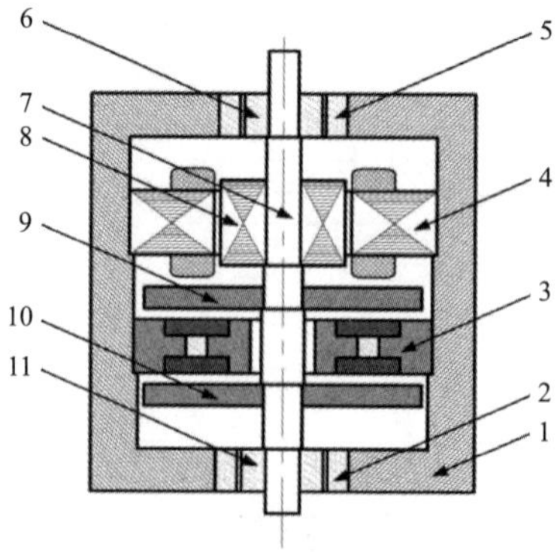

图2-3-2

这里将要讨论的问题是如何理解权利要求 1 中的技术特征“在整体支架（1）的底部装有固定永磁体（2），与其对应的旋转永磁体（3）固定装于旋转轴（4）的底端”。

【案例解析】上述技术特征限定了固定永磁体和旋转永磁体的安装位置和相互间的位置关系，仅从权利要求中上述技术特征本身的表述来看，其涵盖了较多的情况，既包括固定永磁体和旋转永磁体轴向相对应布置（即沿轴向上下布置），也包括两者径向相对应布置（即沿径向内外布置），甚至包括两者以任意方向相对应布置的情况。那么，在该案中，是否就应当根据之前提到的将权利要求解读为尽可能大的范围的原则，认为该技术特征包含了上述所有的情况呢？

从该发明的申请文件中可以看出，该发明中设置固定永磁体和旋转永磁体的目的在于为旋转轴提供轴向的磁悬浮支撑，在该发明的说明书所描述的所有内容中固定永磁体和旋转永磁体均是沿轴向相对应上下布置的。并且，权利要求 1 中的技术特征“旋转永磁体（3）的底面开设有斜齿槽”与固定永磁体和旋转永磁体的布置方式也是相关的，只有在两者沿轴向相对应上下布置时，旋转永磁体底面的斜齿槽才能与固定永磁体产生磁排斥力的顶面发生作用，从而达到该发明所声称的使磁力线的分布发生改变，提高磁悬浮支撑的稳定性的效果。

基于上述对该发明整体方案的理解，假设将上述权利要求理解为可以包括固定永磁体和旋转永磁体径向相对应布置的情况，那么此时，两永磁体之间发生磁排斥力相互作用的面是固定永磁体的内圆周面和旋转永磁体的外圆周面（即对比文件 1 中永磁型径向磁悬浮轴承 A 定子 2 和永磁型径向磁悬浮轴承 A 转子 11 的情况）。在这种情况下，旋转永磁体的底面已经不是磁力相互作用面，那么在其底面设置斜齿槽也就没有技术意义了。可见，上述对于该技术特征的解读方式是不合适的。对于该案例，在考虑权利要求的整体技术方案与申请文件的整体内容后，只有将上述技术特征理解为固定永磁体和旋转永磁体轴向相对应布置（即沿轴向上下布置）的情况，才是合理的。

从该案例可以看出，虽然需要将权利要求解读为尽可能大的范围，但最终解读出的结果必须在“合理”的限度内，而“合理”的一个重要标志就是解读出的内容必须具有“技术意义”。即使解读出的内容从权利要求的字面含义上看是可以接受的，但如果不具备技术意义，那么这样的解读也是不正确的。这是因为，专利申请的审查对象是技术方案，技术方案由技术特征组成，申请人、发明人提出该技术方案的目的也在于解决技术问题，并且取得技术效果。因此，权利要求中的每一个技术特征的存在必然有其技术上的意义，如果对于该技术特征的解读背离了其技术意义，那么这种解读显然是不正确的。

总之，站位本领域技术人员，正确解读权利要求对于创造性的判断至关重要，是正确判断申请是否具有创造性的基础。只有真正站位本领域技术人员，在理解权利要求的过程中才不会仅仅局限于权利要求和说明书的字面记载，而是透过现象看本质，能够从更深的层次理解发明的技术本质，理解权利要求的技术方案，从而正确解读权利要求，进而为后续的审查奠定基础。

第 3 章

最接近现有技术的认定与选择

《专利法》第 22 条第 3 款规定，“创造性，是指与现有技术相比，该发明具有突出的实质性特点和显著的进步，该实用新型具有实质性特点和进步。”《专利审查指南 2010》第二部分第四章第 3.2 节规定，“评价发明有无创造性，应当以《专利法》第 22 条第 3 款为基准，判断发明是否具有突出的实质性特点和显著的进步。”《专利审查指南 2010》第二部分第四章第 3.2.1.1 节进一步给出了“突出的实质性特点”的判断方法，即判断对于本领域的技术人员来说，要求保护的发明相对于现有技术是否显而易见，通常可按照以下三个步骤进行：（1）确定最接近的现有技术；（2）确定发明的区别技术特征和发明实际解决的技术问题；（3）判断要求保护的发明对本领域的技术人员来说是否显而易见。“三步法”是发明是否具有突出的实质性特点的一般性且具有操作性的判断方法，其第一步为确定最接近的现有技术。

3.1 还原发明创造过程中的最接近现有技术

《专利审查指南 2010》中指出：最接近的现有技术，是指现有技术中与要求保护的发明最密切相关的一个技术方案，它是判断发明是否具有突出的实质性特点的基础。

欧洲专利局的审查指南对最接近现有技术的定义是：最接近的现有

技术是指单独一篇参考文献中公开的特征的组合，其是通过显而易见的改进从而得到该发明的最佳起点。

可见，中国和欧洲关于最接近现有技术概念的描述异曲同工。首先，它是创造性判断的基础和起点，其次，它是与该发明最密切相关的最有希望得到该发明的现有技术。具体来说，最接近的现有技术是指与该发明最密切相关的一个技术方案，它应当是发明人完成发明的最佳起点，即要求发明人以最接近的现有技术为基础，对其进行改进以获得请求保护的发明时需要克服的技术障碍最小。因此，对申请文件的技术方案进行准确理解，是寻找和确定最接近的现有技术的基础，最接近现有技术的选择体现了审查实践中还原发明创造的过程。

最接近的现有技术理论上是存在的，但是同一主题下的现有技术千千万万，与该发明相近的现有技术也非常多，它们各自在不同的侧面与该发明密切相关，它们中的很多个都可能作为最接近的现有技术，但都不能确定就是唯一、准确的最接近的现有技术；此外，尽管目前的检索工具、手段都十分丰富和强大，但仍不能避免存在漏检的可能。因此，最接近的现有技术仅是已检索到的现有技术中最接近的。总之，最接近的现有技术不是绝对的，而是具有客观上的相对性。

另外，最接近的现有技术仅是创造性评价中引入的一种工具，为创造性判断而服务，是理论上假设的，具有工具性，其与发明产生的实际过程在大多数情况下是不相符合的。本领域技术人员在评价创造性时，应当选择一个假设的最接近现有技术作为还原发明过程的起点，结合本领域的所有知识，能够方便和客观地进行该发明的创造性判断。

3.2 最接近现有技术选取——“最有希望的起点”原则

根据上述对最接近现有技术的理解，我们知道，最接近的现有技术是现有技术中与要求保护的发明最密切相关的一个技术方案，它是判断发明是否具有突出的实质性特点的基础，因此，在发明的创造性判断过程中，最接近的现有技术的选取和确定对发明的非显而易见性的判断至关重要。在实践中，经常会出现同时存在两个或两个以上与要求保护的发明密切相关的技术方案的情况，此时如何选取和确定最接近的现有技术就成为很多人的困惑。

按照《专利审查指南2010》的例举性规定：最接近的现有技术，通常与要求保护的发明技术领域相同，并且所要解决的技术问题、技术效果或者用途最接近和/或公开了发明的技术特征最多，或者虽然与要求保护的发明技术领域不同，但能够实现发明的功能，并且公开的发明技术特征最多。应当注意的是，在确定最接近的现有技术时，应首先考虑技术领域相同或相近的现有技术。在判断过程中，要确定的是现有技术整体上是否存在某种技术启示，即现有技术中是否给出将上述区别技术特征应用到该最接近的现有技术以解决其存在的技术问题（即发明实际解决的技术问题）的启示，这种启示会使本领域的技术人员在面对所述技术问题时，改进该最接近的现有技术并获得要求保护的发明。

对于如何选择最接近的现有技术，欧洲专利局的审查指南指出：首先考虑的是与该发明具有相同的目的或效果，或者至少与请求保护的发明属于相同或相近的技术领域。实践中，最接近的现有技术通常具有相似的用途，而且仅需极少的结构或功能上的改进就可以得到请求保护的发明。

对于选择的主体，欧洲专利局的审查指南中明确规定：最接近的现有技术一定是在请求保护发明的申请日或有效优先权日之前，从本领域技术人员的角度来考虑的。

此外，欧洲专利局的判例认为，最接近的现有技术公开一篇对比文件中的技术特征的组合，它构成了能够显而易见地得到发明的最可能的出发点。在选择最接近的现有技术时，首先要考虑的是与发明有相似的目的或者效果，或者至少属于相同或相近的技术领域。在实践中，最接近的现有技术通常与发明有相似的用途，为得到发明在结构和功能上所需的改进是最小的。即在选择最接近的现有技术时，需要考虑其是否给出了对本领域技术人员来说最容易得到要求保护的发明所需显而易见改进的最有希望的起点，即首先这一起点至少是有希望的，意味着存在本领域技术人员到达本发明的可能性，要尽量避免“事后诸葛亮”（ex - post - facto - approach）；并且应当考虑，在该现有技术的某一个方面，能够回到该发明的“环境”下，在该环境下，本领域技术人员实际上确实能够如此选择。因此，与公开了更多相同的技术特征相比，通常应当对技术主题的指出、技术问题的阐述、预期的用途以及意欲达到的效果等发明给予更大的权重。

在欧洲专利局上诉委员会判例 T 570/91 中，上诉委员会强调本领域技术人员要受到所选择的起点的约束。例如，如果本领域技术人员更倾向于从特定压缩机活塞开始，它可以进一步改善该活塞，但是在改进结束的时候，正常结果仍然会是压缩机活塞，而不是内燃机活塞。

综合上述的相关规定，结合目前审查实践，笔者认为，在最接近现有技术的选取上，应该以本领域技术人员为选择主体，参考得到发明“最有希望的起点”的原则，并在进行现有技术选取中确定“最有希望的起点”时，主要考虑发明构思一致或接近以及符合所属领域技术发展脉络两点。

发明构思来源于发明创造过程，是发明人为解决技术问题所提出的技术改进思路或者想法，在实践中本领域技术人员应从申请文件记载的背景技术出发，基于发明意图解决的技术问题、采用的技术手段和产生的效果获取发明人对现有技术的改进思路的过程。可见，只有厘清发明人对现有技术的改进思路，以此为视角寻找和研究用于评判创造性的现有技术，才能准确还原发明创造的过程，正确把握发明的智慧贡献。如果最接近的现有技术贴合发明的真实起点，符合发明构思的逻辑过程，能够显而易见地得到发明，那么将其作为最接近的现有技术可以使得发明的创造性判断更具客观性和说服力。

最接近发明的构思过程的本领域技术人员通向发明的合适起点，应该是本领域技术人员有理由和动机去改进的现有技术，该理由和动机应该是最接近的现有技术中客观存在的，并且是本领域技术人员能够容易意识到的需要解决的技术问题。该技术问题应当在最接近现有技术中有记载，或者是本领域技术人员根据自身能力和水平容易意识到的客观存在的问题。在根据该因素考虑何为最有希望的起点时，自然需要从技术领域的相同或相近，所要解决的技术问题、技术效果是否相同或相近以及“技术启示”的思维导向等角度去全面权衡。

正如前面所述，发明构思是发明人为解决现有技术存在的技术问题所提出的技术改进思路，因此技术问题的相似性体现了发明构思的相似性。选择发明构思一致或接近的现有技术作为最接近的现有技术，比较直接和有效的做法就是选择技术问题相同或接近的现有技术作为最接近的现有技术。如果现有技术所涉及的技术问题与本申请完全无关，则以技术问题为导向的该领域的普通技术人员通常不会关注到该现有技术，从其开始改进获得发明的动机难于解释，进而对于如何达成要求保护的发明也很难根据“三步法”建立符合逻辑的思维过程，即通常不会以其作为发明的起点。因此，在选择最接近的现有技术时，应当优先选择与发明构思一致或者接近的现有技术，慎重选择构思不同的现有技术，放弃构思相悖的现有技术。

其次，所属领域技术发展脉络指的是技术的改进路线，是为解决现有技术存在的问题而进行的改进，其具有进步性。专利法的立法目的也是鼓励创新，推动技术进步，最接近的现有技术是发明人进行创新的起点，从逻辑上来说，应该是发明所属技术领域的普通技术人员进行研究和扩展的技术前进点，而不是技术倒退点，因此，在最接近现有技术的选取上，应该选择符合本领域内技术发展脉络的现有技术。

举例说明，如一项权利要求包括技术特征 A + B + C，其中一篇对比文件的技术方案包括技术特征 A + B + D，第二篇对比文件的技术方案包括特征 A + B，第三篇对比文件包括 D + B + C（领域不同）。根据“三步法”的判断可以确定权利要求与第一篇对比文件相同的对应特征为 A + B，区别在于特征 C。至此，我们不能忽略考虑对比文件中另一特征

D 的存在。"三步法"最科学的一面在于永远从整体性出发去努力还原技术人员进行技术创新的过程，本领域技术人员实际上是在技术方案 A + B + D 的基础上进行改进。如果特征 D 的存在使得对比文件 1 客观上不存在与实际解决的技术问题相一致的技术缺陷，则不论是否存在其他现有技术公开的克服该技术缺陷的技术手段，本领域技术人员均没有动机对对比文件进行改进从而获得权利要求的技术方案，该现有技术不适合作为最接近的现有技术。

权利要求与第三篇对比文件相同的对应特征为 B + C，区别在于领域不同。最接近的现有技术是发明人进行发明创造的起点，提供了改进的可能性，而其他的现有技术则提供改进方向上的指引，即技术启示，一篇现有技术与本申请的技术领域差异越大，其被所属领域的技术人员发现并作为发明起点进而得到本申请的可能性就越小；相反，现有技术与本申请的技术领域高度一致时，该领域的技术人员更容易、也更可能拿来作为研发的起点。因此，基于技术发展的脉络，本领域技术人员更倾向于从所属领域的现有技术出发，这符合还原发明创造的一个过程，而不是从其他领域出发。综上可知，将另一篇对比文件包括特征 A + B 的技术方案作为最接近的现有技术或许更为合适。

【案例 3 - 1】一种车用防护罩收放装置

【案例简介】目前的汽车防护罩由于防护罩布面积大，使用人手展开和收起都极不方便。为此 CN201506236U 公开了一种"车用防护罩收放装置"（见图 3 - 1 - 1），该装置在固定壳体内设置收放防护罩布的收放筒，和用于夹送防护罩布的主动辊与从动辊，主动辊转动实现防护罩布的收入和外放，电机驱动收放筒转动并缠绕防护罩布。该装置虽然实现了防护罩的自动收放，但传动结构复杂，且围绕壳体四周设置的轴辊始终要夹住罩布转动，导致耗电量大、机件磨损快，也容易出故障，造成制造成本和使用成本都高。

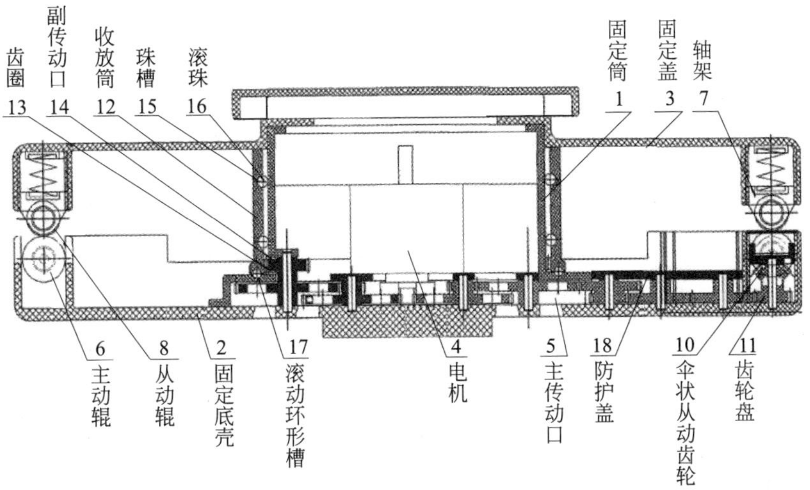

图3－1－1

针对上述问题，该发明提出一种车用防护罩收放装置（见图3－1－2），其去掉了夹送罩布的主动辊和从动辊，仅采用电机驱动中间转筒自动收放防护罩，为便于罩布的收入和外放，增加了一个电机驱动的罩盖升降装置，不仅结构简单，而且减少了防护罩的磨损。

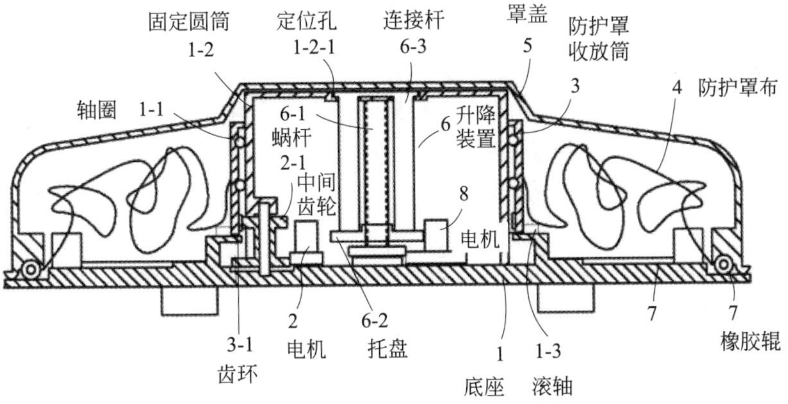

图3－1－2

该发明的权利要求1：

1. 一种车用防护罩收放装置，在底座（1）上设置有一个由电机

（2）带动旋转的防护罩收放筒（3），收放筒（3）的外桶壁上连接有防护罩布（4），收放筒（3）上方设置有罩盖（5），罩盖（5）由电机（8）带动的升降装置（6）驱动。

存在两篇与要求保护的发明密切相关的现有技术：

对比文件1即该发明的背景技术CN201506236U，公开了一种车用防护挡布收放装置，在固定壳体内设置收放防护罩布的收放筒，和用于夹送防护罩布的主动辊与从动辊，主动辊转动实现防护罩布的收入和外放。

对比文件2公开了一种车载遥控升降式车罩装置（见图3－1－3），由遥控器控制升降机构，由升降机构驱动上罩盖，通过人手可方便地取出和收回车罩，不易损坏。

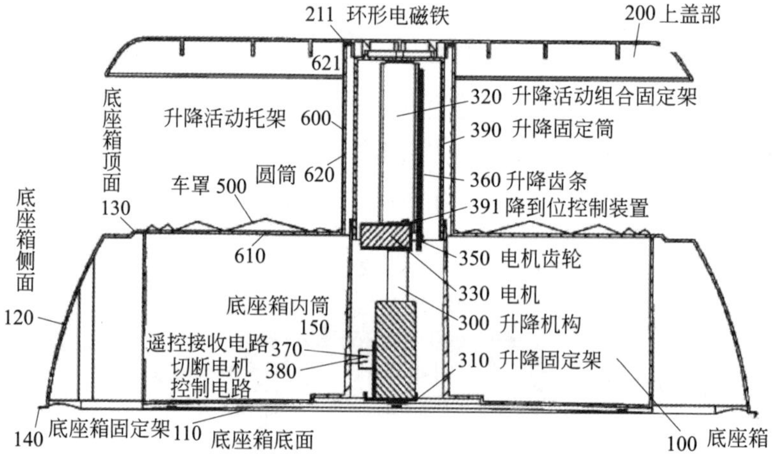

图3－1－3

【案例解析】 对于本领域的技术人员来说，分别以对比文件1、对比文件2为起点，对其公开的现有技术进行改进或改造以得到发明历经的技术路线是不同的，显然所付出的创造性劳动和所跨越的障碍也是不同的，即获得本发明的难易程度是不同的。

对比文件1是该发明声称的背景技术，是申请人的发明基础，虽然与该发明属于相同的技术领域，但未公开该发明所要解决的技术问题、技术手段以及技术效果，从对比文件 1 出发需结合对比文件 2（罩盖的升降方便罩布收放）和公知常识（去掉耗能和磨损的传动辊）以得到该发明，即需要通过两个改造步骤以获得本发明。

对比文件 2 公开了该发明所要解决的技术问题、技术手段以及技术效果，从对比文件 2 出发需结合对比文件 1（电机驱动收放筒自动收放罩布）以得到本发明，即需要通过一个改造步骤以获得本发明。

由此可见，对于本领域的技术人员来说，对比文件 2 公开的现有技术是改进或改造现有技术以得到发明的最有希望的起点，对其进行改进或改造以得到发明所付出的创造性劳动和所跨越的障碍最小，因此选取对比文件 2 作为最接近的现有技术。

以不同的现有技术作为起点，对其改进或改造以得到发明所历经的技术路线不同，获得该发明的难易跨度也不同。最接近的现有技术，是改进或改造现有技术以得到发明的最佳起点。在确定最接近的现有技术时，应首先考虑技术领域相同或相近的现有技术。可以在技术领域相同或相近的现有技术中，优先考虑所要解决的技术问题、技术手段以及技术效果相同的现有技术。

第 4 章

技术特征比对与公开内容的认定

4.1 技术特征的实质比对

在创造性判断过程中，通常需要将权利要求与对比文件中的特征进行一一对比，为进行准确的事实认定，必须准确地判断待评价的权利要求中的技术特征和对比文件中的技术特征的异同。“技术特征相同”包括狭义和广义两种理解，从狭义上讲，“技术特征相同”是指从字面上表达的含义看特征本身相同，而不考虑特征的作用是否相同；从广义上讲，“技术特征相同”指该技术特征本身及其所起的作用都相同。而技术特征与该技术特征的作用是密不可分的整体，从技术特征字面含义进行比对容易脱离技术特征本身的实质性含义，技术术语记载不同并不代表技术内容和范围一定不同，名称相同的技术术语也有可能代表不同的技术内容和范围。

《专利审查指南 2010》第二部分第三章第 3.1 节规定，审查新颖性时，应当将被审查的发明与对比技术的内容相比，“如果其技术领域、所解决的技术问题、技术方案和预期效果实质上相同，则认为两者为同样的发明”。

同时，《专利审查指南 2010》进一步细化了新颖性的审查原则：“需要注意的是，在进行新颖性判断时，审查员首先应当判断被审查专利申请的技术方案与对比文件的技术方案是否实质上相同，如果专利申请与对比文件公开的内容相比，其权利要求所限定的技术方案与对比文件公开的技术方案实质上相同，所属技术领域的技术人员根据两者的技术方案可以确定两者能够适用于相同的技术领域，解决相同的技术问题，并具有相同的预期效果，则认为两者为同样的发明或者实用新型”。

《专利审查指南 2010》还规定：“如果要求保护的发明或者实用新型与对比文件所公开的技术内容完全相同，或者仅仅是简单的文字变换，则该发明或者实用新型不具备新颖性。另外，上述相同的内容应该理解为包括可以从对比文件中直接地、毫无疑义地确定的技术内容。”

综上可知，方案的实质相同，具体情形即：要求保护的发明或者实用新型与对比文件所公开的技术内容完全相同，或者仅仅是简单的文字变换，上述相同的内容应该理解为包括可以从对比文件中直接地、毫无疑义地确定的技术内容。此处，“直接地”主要考虑推导的难易程度，即对于本领域技术人员来讲，必须能够很容易地、没有任何困难地得到推导结果；而“毫无疑义”主要考虑推导结果的唯一性，即所得到的推导结果必须是确定的、唯一的，不会有其他可能性或或然性。而“实质上相同”的含义是指对比文件相对于权利要求请求保护的技术方案而言，虽然有区别，但区别仅是简单的文字变换，或者没有被文字记载的内容可以从对比文件中直接地、毫无疑义地推导出。指南中还进一步对要求保护的发明与对比文件的区别仅为具体（下位）概念与一般（上位）概念、惯用手段的直接置换、或数值和数值范围时，或要求保护的发明为包含性能、参数、用途或制备方法等特征的产品权利要求时，新颖性的判断基准作了具体的规定。

根据审查指南的规定，新颖性判断中的审查基准同样适用于创造性判断中对该类技术特征是否相同的对比判断。

【案例4-1】大型两冲程柴油发动机用排气阀

在判断发明权利要求的技术方案与对比文件公开的技术内容是否等同时，应当客观分析权利要求技术方案所解决的技术问题以及产生的技术效果是否与现有技术实质相同。

【案例简介】该申请涉及一种大型两冲程柴油发动机用排气阀，其所要解决的技术问题是，如何减少NOx的形成。其权利要求1如下：

1. 一种排气阀，该排气阀被设计成用于控制两冲程式大型柴油发动机的排气孔（12），且该排气阀具有设置在阀轴（14）下端的阀盘（15），由此，所述阀盘（15）的面向燃烧室（3）的底侧设置有被设计成旋转对称腔（18）的凹盆，该凹盆周围被限定并向下敞开，其特征在于，一定量的燃烧废气在燃烧之前被添加到空气中，由此已添加到空气中的燃烧废气的至少一部分以在所述排气阀（13）的底侧的边沿区域内形成燃烧废气的窝团（19）的方式而保留在所述燃烧室（3）中，其中，为了滞留燃烧废气，所述阀盘（15）的凹形的所述底侧相对于直接支撑所述阀盘（15）的假想平面（23）高出的最大量处于所述阀盘（15）的外直径的一定范围内（见图4-1-1）。

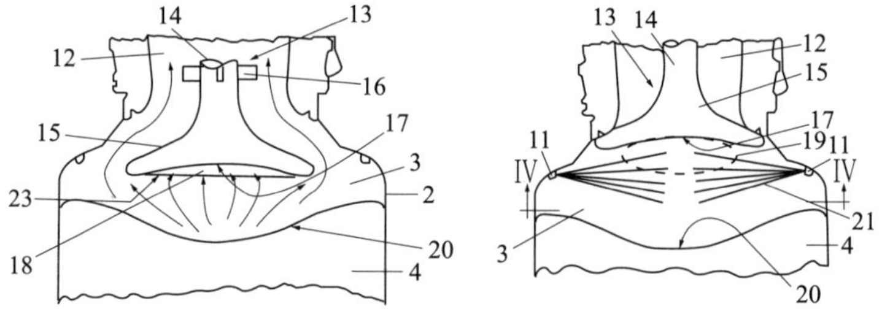

图4-1-1

对比文件1公开如下内容：

一种发动机的排气阀33，该排气阀用于控制发动机的排气孔，排气阀33具有阀轴12和通过曲面16连接并设置在阀轴12下端的阀盘，在提供了加大的阀盘边缘尺寸的前提下，为了降低阀盘的质量，在阀盘的面向气缸 24 的燃烧室的底侧设置有旋转对称的具有曲线凹面腔的凹盆 26，其在这个区域提供了减小的阀盘厚度；凹盆 26 周围被排气阀的边缘限定并向下敞开；阀盘具有曲面 18 和曲线边缘 32，从而降低或减弱了废气沿阀表面流动时产生的紊流（见图 4－1－2）。

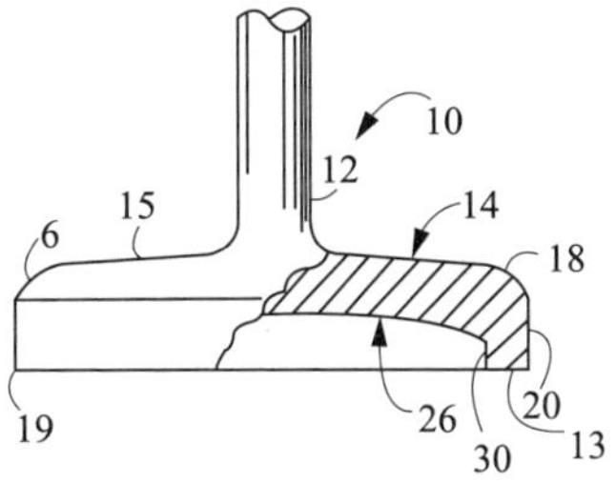

图 4－1－2

争议点在于：对比文件 1 中的凹盆是否相当于权利要求 1 中的凹盆，并进一步公开“为了滞留燃烧废气，阀盘的凹形的底侧相对于直接支撑所述阀盘的假想平面高出的最大量处于阀盘的外直径的一定范围内”。

观点一

对比文件 1 公开了排气阀具有设置在阀轴 12 下端的阀盘 14，阀盘 14 的面向燃烧室的底侧设置有被设计成旋转对称腔的凹盆 26，该凹盆周围被限定并向下敞开，即其客观上有助于形成窝团，为了滞留燃烧废气，阀盘 14 的凹形的底侧相对于直接支撑所述阀盘的假想平面高出的最大量处于阀盘的外直径的一定范围内。在本领域中采用废气再循环以降低 NOx 水平属于本领域技术常识，即将一定量的燃烧废气在燃烧之前添加到空气中属于本领域技术常识，因此利用对比文件 1 中的凹盆将加到空气中的燃烧废气的至少一部分以在排气阀底侧的边沿区域内形成燃烧废气的窝团的方式而保留在燃烧室中是本领域技术人员容易想到的，不需要付出创造性的劳动，权利要求 1 不具备创造性。

观点二

该申请权利要求 1 的技术方案与对比文件 1 公开的内容相比，对比文件 1 中虽然公开了具有腔的凹盆 26，但是该凹盆是为了在保证阀盘尺寸的前提下降低阀盘的重量而设置的。而该申请权利要求 1 所要求保护的技术方案中的具有腔的凹盆是为了有足够的容积保留燃烧废气，从而减少燃烧所产生的 NOx。对比文件 1 中的排气阀与该申请权利要求 1 所要求保护的排气阀在各自的技术方案中所起的作用及所产生的效果均不相同，并且对比文件 1 中并未涉及保留废气再燃烧以减少燃烧所产生的 NOx 的内容，本领域技术人员根据对比文件 1 的排气阀结构，不会想到将其用于现有的发动机中，从而循环利用废气减少燃烧产生的 NOx。因此，对比文件 1 中并没有公开“为了滞留燃烧废气，阀盘的凹形的底侧相对于直接支撑阀盘的假想平面高出的最大量处于阀盘的外直径的一定范围内”的技术特征。同时该申请权利要求 1 的技术方案，由于采用了带有凹盆的排气阀，在燃烧室的排气过程中，添加到用于下次燃烧的空气中的适量燃烧废气以在排气阀底侧的边沿区域内形成废气窝团的方式保留在燃烧室中，保存在燃烧室内的燃烧废气未被新鲜空气稀释，从而氧含量非常低，所以燃烧减速，这导致峰值燃烧温度降低并由此减少所产生的 NOx 的水平，也改善了阀盘中的材料温度分布，从而腔的另外的装置、排气阀的质量以及气体在燃烧室内的热传递均得以减少。因此，该申请权利要求 1 具有突出的实质性特点和显著的进步，具备《专利法》第 22 条第 3 款规定的创造性。

【案例解析】根据我国《专利法》第 59 条第 1 款的规定：“发明或者实用新型专利权的保护范围以其权利要求的内容为准，说明书及附图可以用于解释权利要求的内容。”

对于创造性判断的具体方法，《专利审查指南 2010》第二部分第四章第 3.1 节规定：“在评价发明是否具备创造性时，审查员不仅要考虑发明的技术方案本身，而且还要考虑发明所属技术领域、所解决的技术问题和所产生的技术效果，将发明作为一个整体看待。”

因此，要客观地理解技术特征本身的实质含义以及比对技术方案本身的范围，还应当参考发明或实用新型说明书整体内容以及对比文件或对比文件的整体内容，即确认技术特征是否实质相同时并不意味着只看技术特征本身和/或技术方案本身，对于技术术语和技术特征本质含义以及权利要求的范围，以及比对对比文件或对比文件技术方案的范围，需要根据各自全文内容来理解，不仅要考虑对比文件所公开的技术方案，还要注意其所属的技术领域、发明的目的、解决的技术问题、所达到的技术效果，以及现有技术对技术方案在功能、原理、各技术特征在选择、改进、变型等方面的描述，以便从整体上理解现有技术所给出的教导。

具体到该案，该申请的凹盆的发明目的是有足够的容积保留燃烧废气，从而减少燃烧所产生的 NOx，而对比文件 1 的凹盆的发明目的是在保证阀盘尺寸的前提下降低阀盘的重量，由此可见两者的发明目的截然不同。“阀盘的凹形的底侧相对于直接支撑阀盘的假想平面高出的最大量处于阀盘的外直径的一定范围内”是为了实现滞留燃烧废气的发明目的，该“一定范围”必然与实现发明目的，达到技术效果的要求相适配。也就是说，由于发明目的不同，采用的技术方案有实质性差别，其所达到的技术效果也不相同。这种技术效果，对所属领域的普通技术人员来说是意想不到的。因此，将该申请的技术解决方案同发明目的与技术效果三者结合起来与现有技术对比，其突出的实质性特点是明显的，因此具备创造性。

对于审查员认为的“对比文件 1 中的凹盆周围被限定并向下敞开，即其客观上有助于形成窝团，可以滞留燃烧废气”，实际上对比文件 1 中并没有涉及保留废气再燃烧以减少燃烧所产生的 NOx 的内容，没有意识到该技术问题的存在，更没有提到发明所要解决的技术问题，此时本领域技术人员应避免在本发明的启示下得出事后的判断。同时也不能够将发明所要解决的技术问题引入现有技术中进而解释现有技术给出的启示，也就是说，如果现有技术没有意识到该同样技术问题的存在，那么对该问题的发现即能导致非显而易见性，从而现有技术中也就不存在技术启示。值得注意的是，本领域现有技术并非特指某篇对比文件，而是整个领域已有技术的总和。

4.2 机械特征是否实质相同应基于本领域技术人员理解考虑结构功能是否相同

在创造性判断中，技术特征的对比也不受文字表述的限制，不能机械僵硬地字面审查，必须运用本领域技术人员的知识和能力，正确抓住发明创造的实质，判断技术特征是否是从对比文件中直接地、毫无疑义地确定的技术内容，以及是否是在技术手段、解决的技术问题、实现的功能和达到的技术效果上实质相同。如果发明或者实用新型的权利要求与现有技术的区别点是以下方面，则属于技术特征的实质上相同：①简单的文字或术语变化；②对比文件采用了具体（下位）概念，权利要求采用了一般（上位）概念；③所属技术领域的惯用手段的直接置换；④对比文件的数值落在权利要求数值范围内；⑤包含性能、参数、用途、制备方法等特征的产品权利要求中，无法确认性能、参数、用途、制备方法等特征会使产品区别于对比文件的产品性能。

技术特征的相同，并不是文字表述上的相同，而是实质上的相同，关于实质上相同的判断，是借助了本领域技术人员的知识和能力进行评价的。根据《专利审查指南2010》的规定，“本领域技术人员”是一种假设的人，假定他知晓申请日或者优先权日之前发明所属技术领域所有的普通技术知识，能够获知该领域中所有的现有技术，并且具有应用该日期之前常规实验手段的能力，但他不具有创造能力；如果所要解决的技术问题能够促使本领域的技术人员在其他技术领域寻找技术手段，他也应具有从该其他技术领域中获知该申请日或优先权日之前的相关现有技术、普通技术知识和常规实验手段的能力。将判断主体统一为“本领域技术人员”，可以从技术知识掌握层面上尽可能减少判断者的主观性。

【案例4－2】喷射式燃烧器

在判断发明权利要求的技术方案与对比文件公开的技术内容是否等

同时，应当基于本领域普通技术人员客观分析权利要求技术方案所解决的技术问题以及产生的技术效果是否与现有技术实质相同。

【案例简介】该申请涉及一种用于燃气炉上的燃烧器，其所要解决的技术问题是，如何使燃气炉的喷射式燃烧器火力均匀、火力强、热效率高。其权利要求 1 如下：

一种喷射式燃烧器，其特征在于，包括设有进气管的气室底座（2）和导火体（3），其中，所述的气室底座上设有若干个喷嘴（4），所述的导火体上设有若干个与喷嘴（4）相对应的导气通道（8）（见图 4－2－1）。

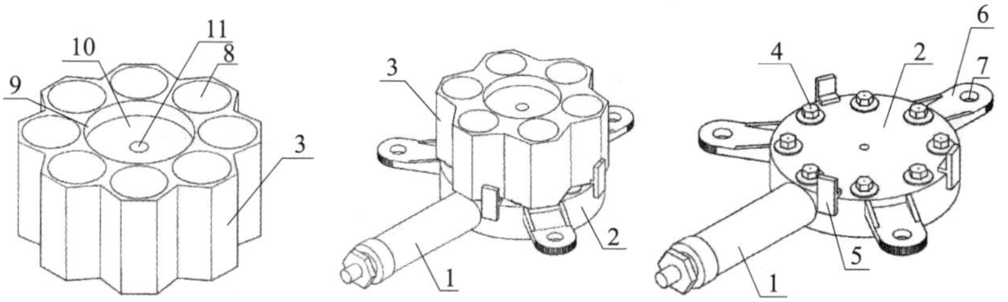

图 4－2－1

对比文件 1 公开如下内容：一种导焰管直射喷燃式烹饪用燃气炉，由炉体 11 和导焰管直射喷燃式烹饪用燃气炉头组成，导焰管直射喷燃式烹饪用燃气炉头由环形气室底座 1、喷嘴 3 和导焰管组成，环形气室底座 1 内部设有环形气室，环形气室底座 1 的上部设喷嘴 3，每个喷嘴 3 都与环形气室连通，环形气室底座 1 的外侧设有进气管 2，进气管 2 与环形气室连通，导焰管是整体导焰管 6，整体导焰管 6 是金属体，在整体导焰管 6 内周设有导焰孔 7，导焰孔 7 的数量、位置与喷嘴 3 的数量、位置吻合，整体导焰管 6 安装在环形气室底座 1 的上部，导焰孔 7 对准喷嘴 3 的上部（见图 4－2－2）。

争议点在于：对比文件 1 中的导焰孔是否相当于权利要求 1 中的导气通道。

观点一认为：权利要求 1 的导气通道 8 与对比文件 1 的导焰孔 7 的结构不相同。“通道”的字面含义为“来往畅通的道路”，在空间结构上

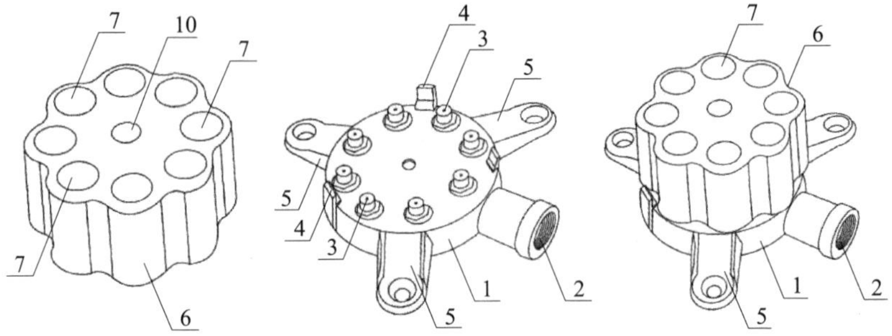

图 4-2-2

是具有一段距离的，而“孔”是指平面结构上的一个开口，两者的含义不相同。

观点二认为：权利要求 1 的“通道”是在导火体上设置的与喷嘴相对应的导气通道，燃气从进气管进入气室，并从其上方的喷嘴喷出，经过导火体的导气通道向上直接喷向需要加热的锅体。对比文件 1 的“导焰孔”是设置在导焰管内的透孔，其具有通道的结构特征，并且导焰孔对准喷嘴的上部，也使从喷嘴上方喷出的燃气经过导焰孔向上直接喷向需要加热的锅体。可见二者只是名称不同，实质相同。

【案例解析】 对于比对的各个技术方案而言，虽然其范围通过技术方案本身记载的文字来体现，但其实质含义通常要通过理解各自在全文中的确切含义来确定。理解申请文件和对比文件的技术方案时，应结合上下文正确理解技术方案中各个技术特征的含义和技术联系，不能片面地、孤立地进行主观的理解，必要时结合附图可以更快速准确地理解技术方案。

具体到该案，权利要求 1 中的“通道”和对比文件 1 的“导焰孔”，虽然名称不同，但是两个技术特征本身的技术内容及其所起的作用都相同，因此认定两者实质相同。

【案例 4-3】线性驱动器

如果权利要求的技术方案与现有技术的技术方案相比，区别在于某个具体部件的名称限定不同，此时要从本领域技术人员的角度，将两个部件的功能、作用以及效果进行一一对比，确定两个部件是否实质相同。

【案例简介】该专利涉及一种线性驱动器，其所要解决的技术问题是，如何降低驱动器的制造成本。其权利要求 1 如下：

一种线性驱动器，所述线性驱动器包括：外壳（1），它包括至少两个部件（1 a、1 b），所述外壳限定一前末端和一后末端；可以正转、反转的电动机（2），它带有电动机轴和带有一前末端的电动机壳；蜗轮驱动器，它带有蜗轮（13）和蜗杆（11），蜗杆构成于电动机轴延伸部分中或构成为该延伸部；在电动机壳前端上的机座（10），所述机座带有便于支撑蜗杆自由端的轴承（12）；与蜗轮（13）相连接的主轴（4）；用于安置主轴（4）的轴承（16）；被固定而防止在主轴上转动的主轴螺母（5）；包围着主轴的外管（7）；驱动杆（6），它套装在外管中并与主轴螺母相连接；处在驱动杆外末端上的安装件（33），它安装在准备内置驱动器的那个结构中；处在驱动器另一末端上的后支座（8），它与安装在那个结构中的驱动杆相对置，该结构中准备安装驱动器；与电动

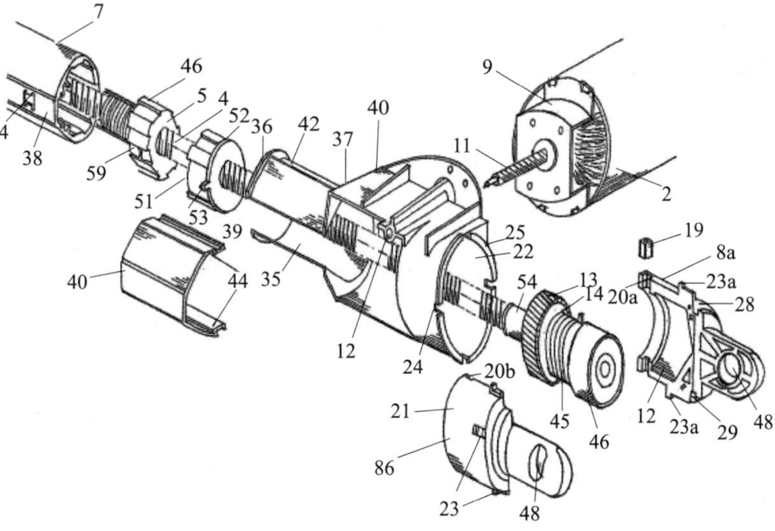

图 4－3－1

机相接的电连接件；其特征在于：外管（7）连接于所述电动机壳上的机座（10）的前末端，而主轴轴承（16）安装在机座（10）的后末端中，后支座（8）连接于机座的后末端，外壳（1）借助后支座（8）和外管（7）支承在电动机（2）和机座（10）上（见图 4－3－1）。

对比文件 1 公开了：一种轴向伸缩电动缸，该电动缸包由两个外壳 52、57 构成，这两个外壳在衬垫 30 上接合，与电动缸的轴线 7 垂直，在外壳 52、57 内装有一个装配有旋转轴线 8 的电动机 50 和一个供电装置 51。电动缸的两个固定支架 5 和 6 之间的长度 L 在最小值和最大值之间变动。传输整体装置 38，此传输整体装置被使用为运动转换器的支架。运动转换器于旋转轴线 48 上固定一电动机 50，与电动机轴线 8 中心校准并位于图后方安装蜗杆尾部 53。蜗杆被固定在一个齿轮 37、45 上方。齿轮 37、45 被钻一个轴孔，同心于电动缸的运动轴线 7，在螺杆 34 外部上装配有固定装置。在最优化的组合方式下，固定装置由固定在输出管材 34 表面上的花键接合构成，以保证突出部分进入轴孔材料内部，从而防止齿轮 37、45 和管材 34 的相对旋转运动。螺杆 34 的另一个端部 42 将穿过一个轴承 39，当螺杆固定在电动缸上时，可以通过使用一个叉形支架板块 40 将轴承 39 紧固在传输整体装置 38 的凹槽内。电动机 50 包含一个蜗杆的远处端头 53，此端头即以一种创造模式完成灵活独立的固定安装，也可以另外一种创造模式安装在一个轴承上方。传输整体装置 38 不仅可以具有轴承 39 的支承作用，也可以作为运动转换器轴线的导向装置，另外还可以延伸一个圆柱形开口 36，此圆柱形开口可以作为螺杆 34 的支承件来使用。螺帽 35 呈现出圆柱状 E 其中外围表面嵌入管材 33 的内部表面，从而保证管材 33 与螺帽联成一体。伸缩内管 33 的上方端点能够承载固定在传动式移动部分的第一安装装置。伸缩内管无法转动，因此，螺杆 34 将进入旋转状态并迫使螺帽 35 向上提升，从而传动伸缩内管，使之产生平移运动（见图 4－3－2）。

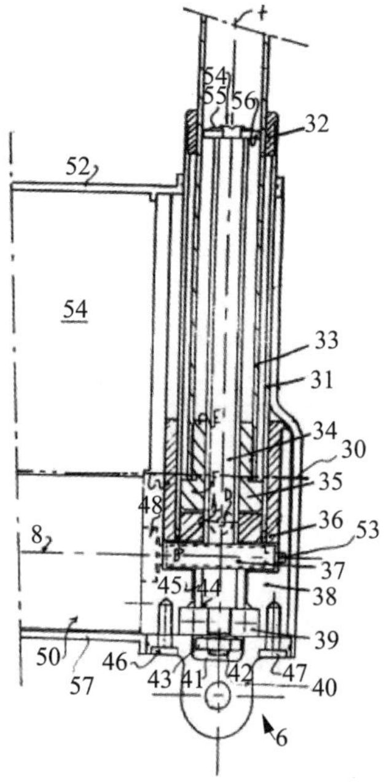

图 4－3－2

对比文件 1 中的传输整体装置 38 是否公开了权利要求 1 中的机座 10。

根据该专利说明书以及专利权人的意见陈述，可以得知该专利中机座 10 的作用有：支撑致动器、吸收作用力，并且给线性驱动器的外壳以支撑；对比文件 1 中的传输整体装置 38 被使用为运动转换器的支架，该装置 38 不仅可以具有轴承 39 的支承作用，也可以作为运动转换器轴线的导向装置，另外“从更加细节角度来描述，上述可伸缩内管的使用必然要求运动转换器的可移动部分承受推力作用力”，而作为运动转换器的支架的传输整体装置 38 自然起到了支撑运动转换器的作用，即会承受作用在运动转换器上的作用力，该装置 38 也就起到了吸收作用力的作用，由于电刀油缸的外壳安装在该传输整体装置 38 上，因此该传输整体装置 38 也对外壳起到了支撑的作用；也就是说，对比文件 1 中的传输整体装置 38 的功能和作用与该专利中机座 10 的功能和作用完全相同；另外，根据工程制图的基本常识，从对比文件1的图4－3－2可以确定传输整体装置38的具体结构，而所设置的圆柱形开口36也是该传输整体装置38的组成部分，圆柱形开口36所承受的作用力会直接传递给该传输整体装置38，而并非传递给外壳，并且权利要求1的技术方案中并没有对机座10的具体结构做进一步的限定，也就是说，对比文件1中的传输整体装置38实质上等同于机座10，其已经被对比文件1所公开。

【案例解析】技术特征应当进行实质对比，体现了创造性判断应当与权利救济相互协调原则。在现有技术抗辩的评判中要从所属领域技术人员的角度出发，进行技术特征的实质对比，正确把握比对技术方案各自范围和技术特征的实质含义。

如果该专利的某一技术特征与对比文件的相应技术特征的名称不同，在判断创造性时需要考虑该专利的该项技术特征与对比文件的相应技术特征在各自的技术方案中的功能、效果和目的，从而进一步判断该技术特征是否都被对比文件所公开或本领域技术人员是否可以从对比文件中得到技术启示。

具体到该案，在判断对比文件1中的传输整体装置38和该专利中机座10是否实质相同时，不仅要考虑权利要求的内容，还应当结合考虑说明书中记载的相关内容来理解权利要求，结合其所要解决的技术问题来理解技术特征的含义。结合该发明说明书整体内容以及对比文件的整体内容，可以确定两个技术特征所要解决的技术问题相同，具有相同的功能和作用，因此两个技术特征实质相同。需要注意的是，对于发明所要解决的技术问题和所产生的技术效果而言，判断中需要考虑的是权利要求所要求保护的技术方案所客观上能够解决的技术问题和产生的技术效果，而不是简单地考虑其声称的所能解决的技术问题和产生的技术效果。

4.3 附图公开内容的认定

涉及实物产品的专利和非专利文献中一般都包含展示产品构造的图

示，其是设计人员表达产品结构的重要手段，因此附图是对比文件表达技术信息的重要载体。审查实践中，在对对比文件公开的事实进行认定时，除考虑文字记载的内容外，通常还会引用附图中所传达的技术信息，因此对附图公开事实的准确认定是保证审查结论正确的前提之一。

《专利审查指南 2010》第二部分第三章第 2.3 节中规定："只有能够从附图中直接地、毫无疑义地确定的技术特征才属于公开的内容，由附图中推测的内容，或者无文字说明、仅仅是从附图中测量得出的尺寸及其关系，不应当作为已公开的内容。"

上述规定可以理解为：附图中的相关部分如果在对比文件中没有作出特别说明，则应当按照所属技术领域通常的图示含义来理解；一般地，可以通过作为现有技术的技术词典、技术手册、教科书、国家标准、行业标准等文献记载的相关图示含义，理解对比文件附图中相应部分在所属技术领域的通常图示含义；如果不存在怀疑附图未采用相同比例绘制的理由，则应当认定同一附图采用相同比例绘制，对于这样的附图，如果所属技术领域的技术人员能够确定出附图所示部件之间的相对位置、相对大小等定性关系，则这些定性关系属于能够从附图中直接地、毫无疑义地确定的技术特征。

从上述规定可以看出，技术领域的图示作为一种信息表达方式是遵循一定规则绘制的，因此在将其作为佐证对事实进行认定时，也要遵循相同的规则对其进行解读。这些规则既包含成文的标准，也包括人们约定俗成的常规认识。

4.3.1　源于规范的工程制图的附图

工程制图包括轴测图、投影图（如附图 1 所示的减速器剖视图）和图样（如附图 2 液动压系统图样）等，这类图纸均按照特定的规则进行绘制和标注。因此，对这类附图中所展示内容，应按照现有技术中的教科书、工具书、国家标准和行业标准中规定的相关图示和制图规则来解读，同时在认定过程中还应注意考虑附图绘制所遵循的规则与我国现行标准之间的差异。结合这类图示的总体说明并按照工程制图规则一般能够确定图中的零部件以及它们之间的位置关系，进一步根据零部件本身的固有属性确定它们的运动关系及各自功能。

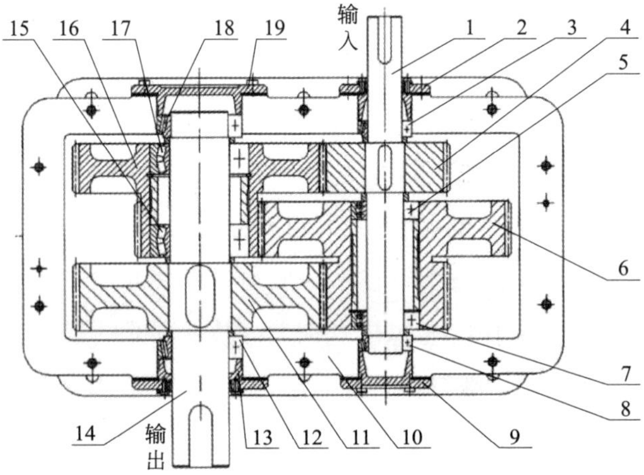

附图 1

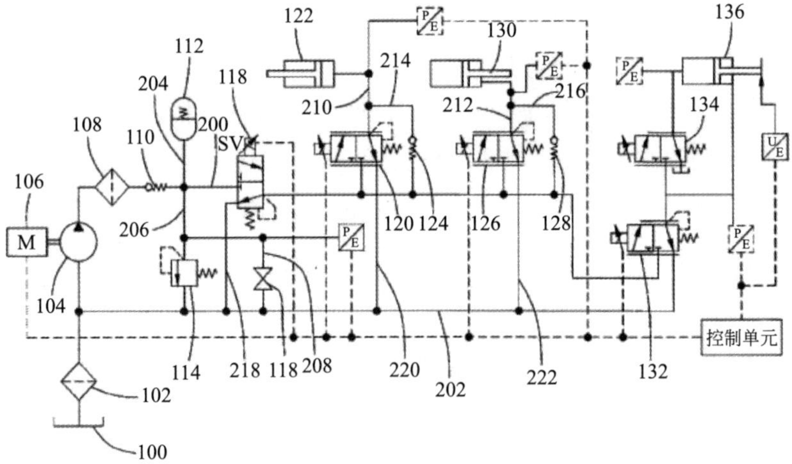

附图 2

以附图 1 所示的减速器为例，从该图的整体绘制和标注方式可以判断其为规范的机械制图，在明确该附图为减速器结构图的情况下，鉴于减速器的标配零件一般均包括箱体、轴、键、齿轮、轴承、密封、端盖法兰，因此根据《机械设计手册》、GB/T 4459.2—2003（机械制图 齿轮表示法）、GB/T 4459.7—1998（机械制图 滚动轴承表示法）等规定的图示规范可以直接地、毫无疑义地确定标记10所示的箱体，标记1、14所示的轴，标记3、5、7、8、12、15、17、18所示的滚动轴承，标记4、6、11、16所示的齿轮，2、9、13、19所示的端盖法兰，以及这些零件之间的相对位置关系。进一步根据这些零件自身的固有属性可以直接地、毫无疑义地确定它们之间的运动关系及各自功能，例如轴1和14与箱体之间布置滚动轴承3、8、12、18，则其相对于箱体10旋转并能够连接动力输入设备和动力输出设备；轴1和14套设齿轮1和11的位置上设置键，则齿轮1和11与轴1和14相对固定并同步旋转；轴1和14套设齿轮6和16的位置上设置轴承，则齿轮6和16能够与轴1和14相对旋转。

4.3.2　附图中涉及定性和定量的信息

由于大多数申请的说明书附图旨在对产品结构进行辅助说明，即使该附图来自规范的机械制图，通常也会省略图中的标注信息，不是严格意义上的机械制图，因此在以其作为对比文件时，对于某些需要根据尺寸标注进行确定的定性和定量信息，在没有相关标注的情况下，不能认为是从对比文件中可以直接地、毫无疑义地确定的内容，也不能通过测量附图得出图中特征的尺寸及与该尺寸相关的定性特征。

例如附图1中，按照机械制图的基本规则，可以直接地、毫无疑义地确定轴1与轴14的轴线平行，各齿轮断面的对称中心线与轴1和轴14垂直，因为这些属于机械制图中不必标注的自喻尺寸；轴1输入端的直径小于轴14输出的直径，因为在没有特殊说明的情况下，一般认为同一附图中各要素按照等比例绘制，这既是机械制图的通用规则，也是对申请文件附图的一般要求。如果申请文件中不存在让审查员有理由怀疑附图未采用相同比例绘制的文字描述或附图所示的内容，审查员应当认定同一附图采用相同比例绘制。然而，由于图中轴 1、轴 14 与布置于其上的齿轮、轴承之间没有标注配合尺寸，因此不能从图中直接地、毫无疑义地确定它们之间是间隙配合还是过盈配合，即不能确定它们之间是否存在间隙；箱体 10 端面的孔径较大的孔由于没有进行标注，因而不能从图中直接地、毫无疑义地确定这些孔的孔径相同，因为机械制图中尺寸相同元素有规定的标注方式。

4.3.3 对示意图形式的附图中没有明确的文字记载内容的认定

一般来说，申请文件的说明书附图中相当一部分附图都是说明和示意性的，不是规范的工程制图。对于这类示意图，图中没有相关文字记载的内容，若符合工程制图中的图例，则按照相关规则解读，若不符合工程制图中的图例，则按照所属领域技术人员对图示的常规认识理解。

以附图 3A 和附图 3B 所示的束身裤为例，其中附图 3A 为申请文件的说明书附图，该申请的权利要求中限定了“束身裤本体（1）上的对人体肌肉和关节进行支持的网络状加强支撑件（2），由整片的弹性布料以其边缘的车缝线（2）车缝在该本体上”，附图 3B 为对比文件的说明书附图，该对比文件的文字部分记载了束身裤本体（102）上对应两腿部的两个加强支撑件（120）均为弹性布料，以对人体肌肉和关节进行支持，该加强支撑件车缝在该本体上，其没有提及该弹性布料是否为网络状的整片布料，是否以其边缘进行车缝。确定上述没有文字记载的内容在附图 3B 中是否能够直接地、毫无疑义地确定时，考虑到该附图是说明示意性的，没有相关的绘图规范可以遵循，因此依据所属领域技术人员对图示的常规认识进行解读。对于加强支撑件的形状，由于其呈现相互交错的形式且带有网孔状结构，因此其符合所属领域技术人员对“网络状”这一形状的常规认识；对加强支撑件是否为整片布料以及是否以其边缘进行车缝的认定，要考虑本领域技术人员对该图示的常规认识，说明书中是否有与该常规认识不符的内容。由于该示意图仅示出了裤子一个方向的结果，在缺少文字记载的情况下，仅仅从附图 3B 的布料轮廓示意图中无法得出进一步的布料信息；在缺少裤子另一面示意图的情况下，也无法得出该网络图形是否以其边缘进行车缝。

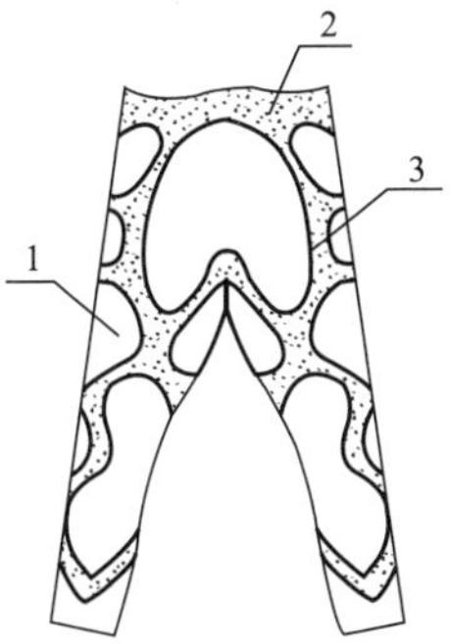

附图 3A

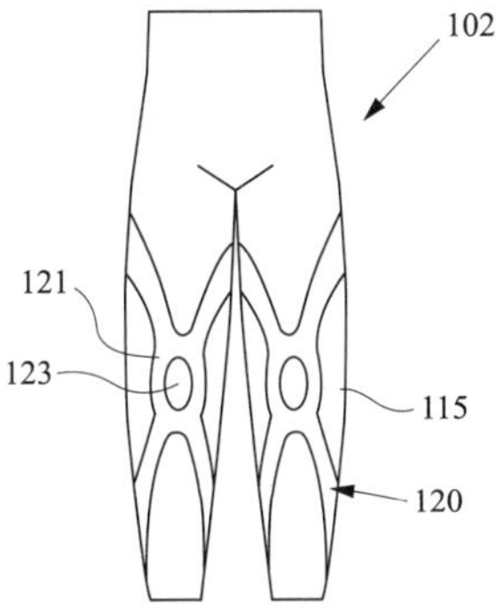

附图 3B

对比文件为相同申请人的类似或系列申请时，对比文件的附图与申请文件的附图有时完全相同，即使在这种情况下，也应独立地依据对比文件文字部分以及从附图图示可以直接地、毫无疑义确定的内容来认定对比文件公开的事实。不能仅因为两份文件的附图完全相同而认定对比文件附图在对比文件中没有明确文字记载的特征与申请文件中文字记载的相应特征应该相同。

以附图 4A ~ 附图 5B 所示的折叠摇椅为例，其中附图 4A 和附图 4B 为申请文件的说明书附图，该申请的权利要求中限定了“导槽（51）的前部凹槽（52）内容纳有形成于前腿（4）上端的销（41）”，附图 5A 和附图 5B 为对比文件的说明书附图，对比这两个附图可以发现，除了附图 5B 中没有如附图 4B 一样示出标记“41”外，附图 4A、附图 4B 与附图 5A、附图 5B 所示的其他内容是一样的。在确定对比文件是否公开申请文件的上述特征时，应独立地根据对比文件公开的内容来判断，不能带入申请文件中相对于对比文件记载的额外信息。就对比文件而言，由于其文字部分没有像申请文件那样，以附图标记“41”来指示“销”

并在文字部分对其进行说明，也没有提及导槽（51）的前部凹槽（52）内是否容纳有销，则仅从附图 5B 中不能直接地、毫无疑义地确定“销”这一技术特征，因为附图 5B 中前部凹槽（52）内的圆形线条不能反映“销”的全貌。此时，不能采用“因为对比文件是同一申请人的类似或系列申请，且附图与申请文件的一样，而认定对比文件附图中不能直接地、毫无疑义地确定的内容必然与申请文件一致”的判断逻辑而导致“事后诸葛亮”。

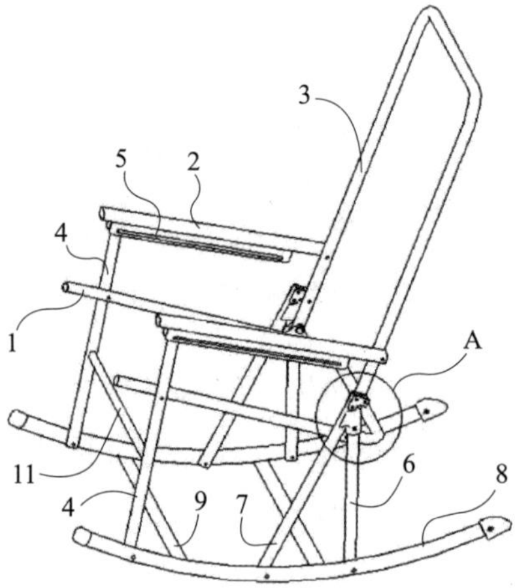

附图 4A

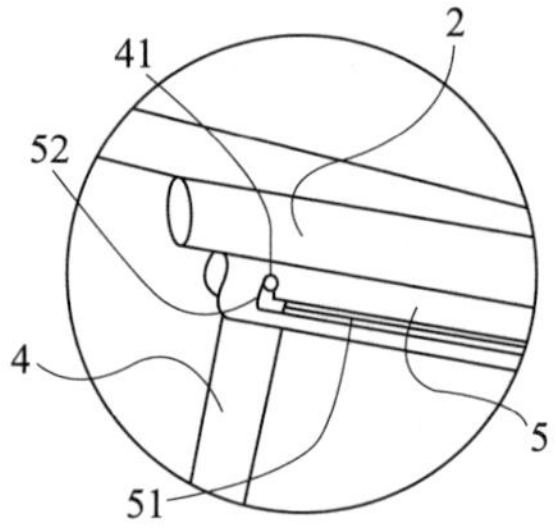

附图 4B

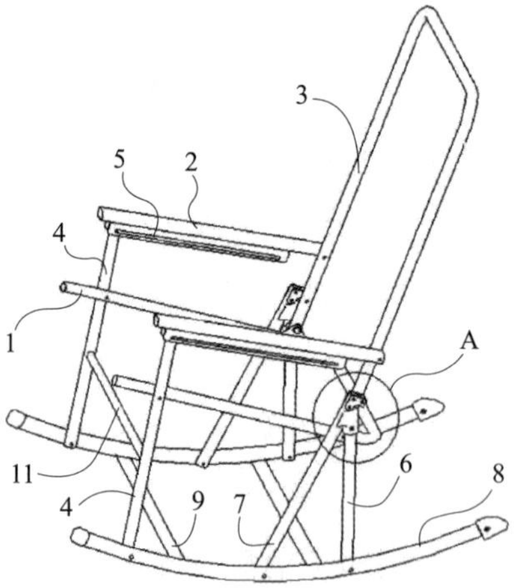

附图 5A

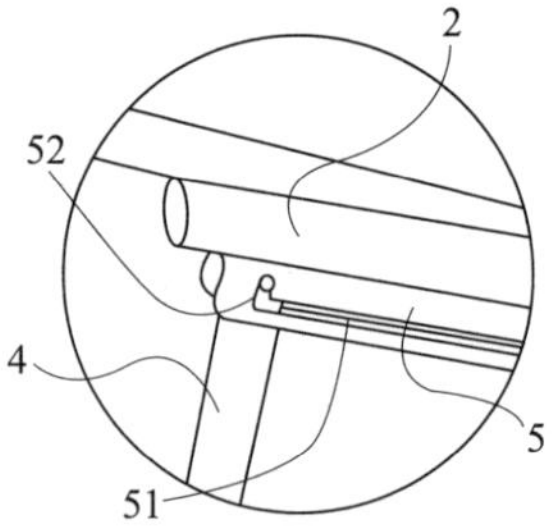

附图 5B

4.4　隐含公开的相关规定

在一件专利申请中，公众或技术人员通常很容易看到并了解明确记载在申请中的技术信息，但申请中所传达的技术信息很显然超过直接表述的内容。因此如何认定申请中没有明确记载但隐含公开的技术信息，成为一个难点。《专利审查指南 2010》中规定："引用对比文件判断发明或者实用新型的新颖性或创造性时，应当以对比文件公开的技术内容为准。该技术内容不仅包括明确记载在对比文件中的内容，而且还包括对于所属技术领域的技术人员来说，隐含的且可直接地、毫无疑义地确定的技术内容。"

《专利审查指南 2010》第二部分第三章第 2.3 节指出："对比文件是客观存在的技术资料。引用对比文件判断发明或者实用新型的新颖性和创造性等时，应当以对比文件公开的技术内容为准。该技术内容不仅包括明确记载在对比文件中的内容，而且包括对于所属技术领域的技术人员来说，隐含的且可直接地、毫无疑义地确定的技术内容。但是，不得随意将对比文件的内容扩大或缩小。"

对比我国审查指南中使用的"隐含的且可直接地、毫无疑义地确定的技术内容"的表述，日本特许厅则使用了"根据申请时的常规知识（注释）从记载的内容直接推导出的内容"的表述，韩国知识产权局指南中使用了"隐含地描述""本领域技术人员可以简单的认知该发明"的表述，美国专利商标局指南中使用了"隐含""固有"的概念，欧洲专利局指南中使用了"隐含公开""隐含特征"的概念或术语，PCT 指南中使用了"隐含地公开""隐含性"的概念或术语，显然，各局采用了不同的表达方式。但美国专利商标局和欧洲专利局、PCT 的相关表达与我国审查指南的含义实质相同，都是要求能够从文件中直接地、毫无疑义地得出的技术内容，而不能通过可能性或概率来认定隐含公开或固有的特征；而日本特许厅和韩国知识产权局规定较为相似，均未对"毫无疑义”作出要求，仅是要求本领域技术人员利用普通技术知识可以从对比文件的内容推知。

4.4.1 合乎逻辑的推理分析及直接毫无疑义的确定原则

对比文件公开的技术内容不仅包括明确记载在对比文件中的内容，而且包括对于所属技术领域的技术人员来说，隐含的且可直接地、毫无疑义地确定的技术内容。由于对比文件总是针对特定技术问题写给特定读者的，不可能事无巨细、面面俱到。与该特定技术问题无关或者读者熟知的内容，对比文件可能作出省略或者简化。当对比文件是专利文件时，只要所属技术领域的技术人员能够实现其中的技术方案即可。换句话说，只要所属技术领域的技术人员能够按照对比文件中记载的内容，实现其中的技术方案，解决其中的技术问题，并产生预期的技术效果即可。对本领域普通技术人员来说，实现对比文件中的技术方案所必不可少的技术特征以及该技术方案所能产生的预期的技术效果都是可以确定的。根据对比文件可以确定的但未在对比文件中记载的必不可少的技术特征或必然的技术效果对所属技术领域的技术人员来说是不言而喻的，是对比文件隐含公开的内容。例如，对比文件中公开一种燃油汽车，但未记载该燃油汽车是否具有发动机。所属技术领域的技术人员知道，若要实现该燃油汽车的行驶功能，发动机是必不可少的技术特征，所以发动机是对比文件隐含公开的内容。再例如，对比文件记载了一种加工轴的方法，其包括对轴进行渗碳淬火处理的步骤，但未记载“轴的表面硬度大于芯部硬度”的技术特征。所属技术领域的技术人员知道对轴进行渗碳淬火处理的步骤必然使轴的表面硬度大于芯部硬度，所以“轴的表面硬度大于芯部硬度”的技术特征属于对比文件隐含公开的内容。根据《专利审查指南2010》的规定，隐含公开的内容必须是从对比文件中直接地、毫无疑义地确定的内容。对此，笔者认为，所谓“直接地确定”，意在排除在确定技术特征的基础上继续引申，以至于得出的技术特征的作用不再是实现对比文件中技术方案必不可少的作用。例如发动机具有气缸，气缸具有一定质量，可以单独作配重块使用，但不能认为记载燃油汽车的对比文件中隐含公开了配重块。所谓“毫无疑义地确定”，意在排除当对比文件隐含仅公开上位概念的技术特征时将隐含公开内容确定为下位概念的技术特征。例如对比文件公开手机，手机天线是该对比文件隐含公开的内容，而外置天线或内置天线不属于对比文件隐含公开的内容。一般来说，隐含公开的特征可以分为下面几种情况：

（1）固有的特征

对于未明确记载在对比文件中的技术特征，如果对所属领域的技术人员而言，该技术特征是申请日之前已知产品的固有部件或属性，或者方法的固有步骤，则这些部件、属性或步骤都是固有特征，属于对比文件中隐含的可以直接地、毫无疑义地确定的技术内容。但是，在申请日之前尚未被所属领域技术人员知晓的那些固有特征，不属于隐含的且可直接地、毫无疑义地确定的技术内容。

（2）现有技术中的明确指引

当对比文件中明确记载的某些技术内容引证了另一篇现有技术文件，且该引证文件的公开日早于所说的对比文件的公开日时，该引证文件中的相应内容属于该对比文件中隐含的且可直接地、毫无疑义地确定的技术内容。

（3）现有技术中技术术语的解释

技术术语在对比文件中没有作出特别说明的，应将其理解为所属技术领域中的通常含义。这种所属技术领域的通常含义应当作为对比文件中隐含的且可直接地、毫无疑义地确定的技术内容。一般地，可以通过作为现有技术的技术词典、技术手册、教科书、国家标准、行业标准等文献记载的相关内容理解该技术术语在所属技术领域中的通常含义。

【案例 4－4】一种不需要工作气体的轻于空气的航空器

对于对比文件没有明确记载的内容，如果本领域技术人员根据其相关记载可以直接地、毫无疑义地确定，属于对比文件隐含公开的范畴。

【案例简介】“一种不需要工作气体的轻于空气的航空器”的发明专利申请，其权利要求1如下：

1. 一种不需要工作气体的轻于空气的航空器，包括球形和非球形的气球和飞艇，其特点在于用强度高、密度小的材料，采用等强度结构将航空器制成硬式，抽去其内部的空气，产生浮力，使其成为不需要工作气体的轻于空气的航空器。

对比文件1中记载了权利要求中的大部分内容，而对于其中的“等强度结构”并没有相关记载，但是说明书中记载了一个公式，即 $t = PD/4[\sigma]$，其中 t 为球壳厚度，D 为球壳直径，σ 为许用应力，P 为大气压力。

【案例解析】虽然对比文件1中没有明确记载“等强度结构”，但是通过说明书中的公式 $t = PD/4[\sigma]$ 可以直接确定出：相同材料 D、相同厚度 t 的圆球壳从理论上讲是等强度结构，故权利要求中“采用等强度结构”可以从对比文件申请文本直接、毫无疑义地确定出，对于涉及上述公式的隐含的内容：等强度结构圆球壳这一结构特征，经过分析和判断，认为其可以从对比文件的内容直接、毫无疑义地确定出。❶

【案例4-5】一种道岔尖轨的转辙器

如果根据对比文件公开的功能可以直接地、毫无疑义地确定其唯一结构，那么该结构也属于对比文件隐含公开的技术内容。

【案例简介】该申请涉及一种道岔尖轨的转辙器，权利要求1如下：

1. 道岔尖轨（12）的转辙器，其岔尖（13）平放在一块滑床板（3）的由辊对（6）提供的一个滚动平面上，其中辊对（6）的前辊调

❶ 金波，等. 涉及申请文件中隐含内容的修改超范围判断［J］. 审查业务通讯，14卷专刊二，2008：63-64.

节成低于后辊（7b），其特征在于，至少一个辊（7a）设置在一偏心滚柱轴承（15）的偏心轴上（见图4－5－1）。

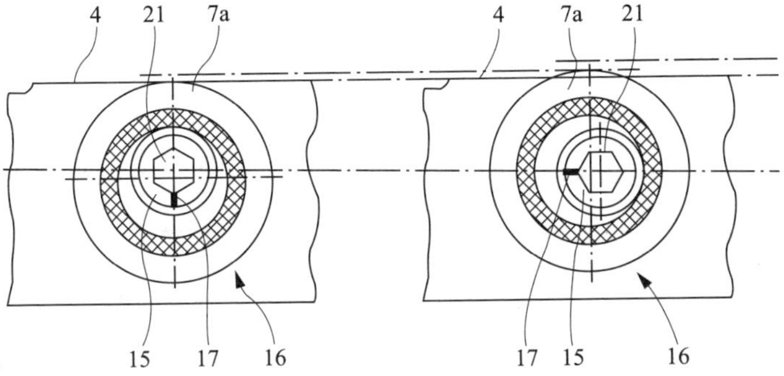

图4－5－1

对比文件2（DE4434143C1，公告日1996年2月15日）公开了一种转辙器辊子装置，并具体公开了如下技术内容：具有辊子（9），辊子（9）安装在轴部件（12）上（轴部件12相当于本申请权利要求1中所述的偏心轮，其旋转中心与几何中心有一定偏移，且有辊子设置于其上），由轴部件（12）的转动最终带动辊子实现辊子的偏心转动并可实现高度调节。

申请人强调该申请权利要求中辊轴本身是偏心结构，从而在辊轴上存在一个偏心轮，而对比文件2中利用辊轴的偏心固定实现了辊子的高度调节，二者不同并且本领域普通技术人员由对比文件2中的将轴偏心固定不能立即想到偏心轴（见图4－5－2）。

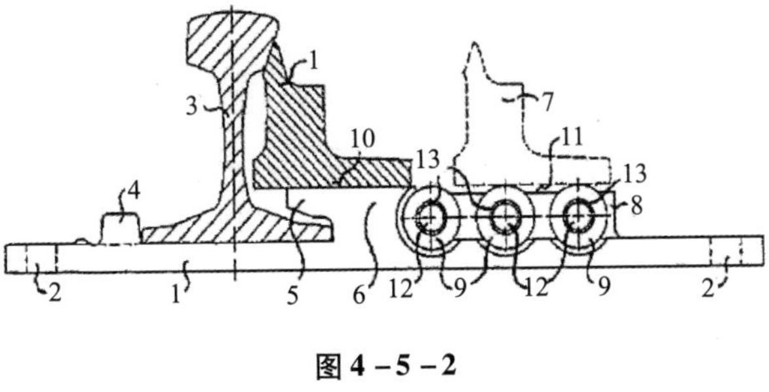

图4－5－2

【案例解析】虽然对比文件 2 中未明确限定轴部件（12）为一个带有偏心轮的偏心结构，但本领域的技术人员根据对比文件 2 所述的轴部件（12）的转动可调节其上辊子高度的功能可知，其一定有一个带动其转动的转轴（相当于该申请权利要求 1 中所述的辊轴），而且该转轴的位置一定偏离该轴部件（12）的几何中心。

另外，如果对比文件中没有明确公开的某一技术特征，是本领域的普通技术人员在对比文件的基础上通过合乎逻辑的分析、推理可以得到的，则认为该对比文件隐含公开了该技术特征。虽然对比文件 2 中轴部件（12）和辊子（9）是同心设置，但本领域的普通技术人员通过该对比文件 2 中“轴部件（12）通过带动辊子（9）转动实现辊子的高度调节”的描述，根据本领域的公知常识，可以想到在辊轴上一定存在一个偏心转轴来带动辊轴转动，对比文件 2 中的辊子、辊轴、转轴分别对应于该申请的辊子、偏心轮、辊轴。因此，该申请中的“辊设置在一偏心结构的辊轴的偏心轮上”与对比文件 2 中“辊设置在一偏心结构的转轴的辊轴上”的技术特征实质上相同。

4.4.2 整体考虑说明书、附图进行客观认定

对于隐含公开内容的认定要整体考虑对比文件的技术方案，将申请文件作为一个整体，对说明书和附图的内容也要纳入考虑范围，站在本领域技术人员的角度进行客观分析认定。

【案例 4－6】一种运动装置

【案例简介】该案例涉及一种运动装置，独立权利要求 1 如下：

1. 一种运动装置，包括壳体，其特征在于：还包括内部流体通道和负压发生器，在所述壳体的第一侧面上开设有至少一个流体吸入口，在所述壳体的第二侧面开设有至少一个流体喷出口，壳体内设置所述内部流体通道，所述内部流体通道与所述流体吸入口和流体喷出口相通，所

述内部流体通道内设置所述负压发生器，使得当负压发生器工作时，从流体吸入口吸入外界流体并经内部流体通道然后从流体喷出口喷出流体。

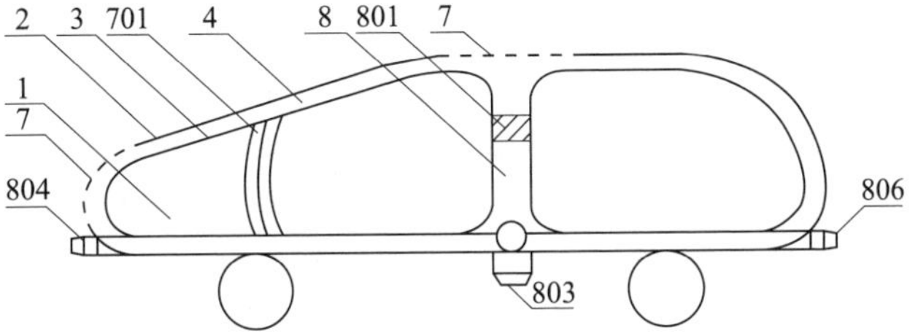

图4－6－1

该申请的运动装置具体涉及飞机、飞碟、汽车、火车、潜艇、船艇，尤其是涉及大气飞行器。图4－6－1为该申请的一种飞行车，飞行车本体1包括内壳3和外壳2，外壳2和内壳3之间为内部流体通道4。排气通道8设在飞行车中部，其上、下端与内部流体通道4相通，中间固定有涡扇发动机801。涡扇发动机801的吸气方向与飞行车上面流体通道4相通，吹气方向与下端第一流体喷出口803相通，与内部流体通道4隔断并同时通过圆筒导管808与前后左右四个第二流体喷出口804、流体喷出口805、流体喷出口806、流体喷出口807相通，每个流体喷出口通过控制后都可以开启或封闭。当涡扇发动机801工作时，产生非常强大的吸力通过内部流体通道4和外层2上的正向吸入口7、侧向吸入口701将外界大量流体吸入内部流体通道4内快速流动。外壳2上和内部流体通道4内的两层流体围绕飞行车1快速运动，瞬间整个车体上部形成负压区，此时飞行车上部和下部形成极大的气压力差，自然产生很大的升力。

图4－6－2和图4－6－3是对比文件1（US5280827A）公开的一种电动车辆10，包括壳体，风力涡轮机12安装在车辆尾部，涡轮机12绕轴14旋转，车辆具有顶端的进气口28、32、底端的进气口30、涡轮机12后部的出气口以及进气口和出气口之间的通道，涡轮机12安装在通

道中，车辆行驶时，流体从进气口进入，通过涡轮机 12 后从出气口流出，流体推动涡轮机 12 的叶片 16，带动发电机 48 以对电池进行充电，在顶端的进气口 32 内还设有小涡轮风扇 56，小涡轮风扇 56 在车辆处于静止时引导流体进入大涡轮机 12。

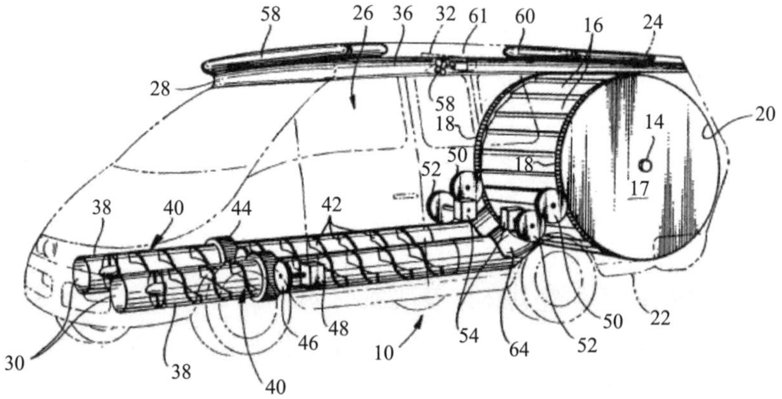

图 4-6-2

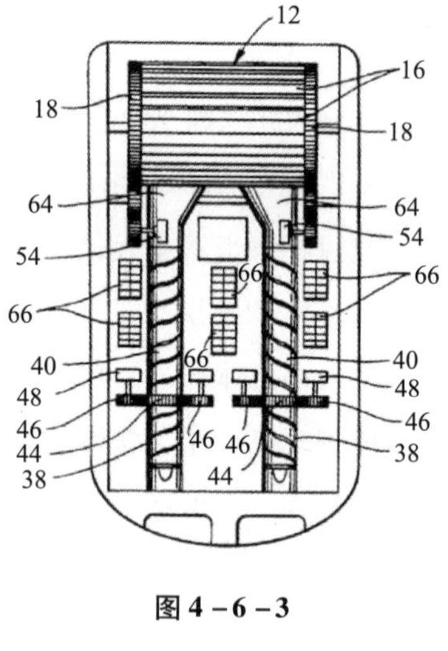

图 4-6-3

观点一

对比文件 1 公开了一种车辆，包括壳体，内部流体通道（36，38）和负压发生器（56，48），在所述壳体的第一侧面上开设有至少一个流体吸入口（28，30），在所述壳体的第二侧面上开设有至少一个流体喷出口（72），壳体内设置所述内部流体通道，所述内部流体通道与所述流体吸入口和流体喷出口相通，所述内部流体通道内设置所述负压发生器，使得当负压发生器工作时，从流体吸入口吸入外界流体并经内部流体通道然后从流体喷出口喷出流体。对比文件 1 中的装置（56，48）能够通过转动叶片将气体从输入端吸入从输出端排出，从而在车辆的前端产生负压力在车辆的后端产生推力，减少前方的阻力，虽然，装置（56，48）带动电机转子转动从而转换为电能储蓄在蓄电池内，但是其仍然起到了负压发生器的作用，因此装置（56，48）是负压发生器。

观点二

该申请权利要求 1 的技术方案与对比文件 1 公开的内容相比，权利要求 1 中的负压发生器在流体吸入口处产生低于大气压的负压状态，同时在流体喷出口处喷出流体，利用前后压差实现了运动装置的运动；而对比文件 1 中的小涡轮风扇 56 在车辆静止时将流体从进气口引入该涡轮机，发电机 48 受大涡轮机驱动进行发电，无论是涡轮风扇 56 还是发电机 48，均没有利用在进气口产生负压、在出气口喷出流体的压差方式来驱动车辆前行，因此，权利要求 1 中的负压发生器不同于对比文件 1 中的涡轮风扇 56 和发电机 48，所以两者的技术方案不相同；而且，两者所要解决的技术问题和预期的技术效果也不相同。

【案例解析】双方争议点在于对比文件 1 中公开的小涡轮风扇 56 和发电机 48 是否能认定为隐含公开了负压发生器。

整体考虑对比文件的技术方案，由于装置 48 并未设置在内部流体通道内部，而是设在内部流体通道外部，且对比文件 1 的整个申请文件中均没有涉及利用在进气口产生负压，在出气口喷出流体的压差的方式来驱动车辆前行的相关记载，因此装置 48 不相当于权利要求 1 中的负压发生器，没有隐含公开负压发生器；而且，从对比文件 1 中并不能推导得出在车辆的前端产生负压力在车辆的后端产生推力能够减少前方的阻力，因此，不能认为其隐含公开了负压发生器，该认定缺乏事实依据。

4.4.3 隐含公开的特征应考虑作用是否相同

权利要求的技术特征被对比文件公开不仅要求该对比文件中包含有相应的技术特征，还要求该相应的技术特征在对比文件中所起的作用和该技术特征在权利要求中所起的作用相同。相应的技术特征在对比文件中所起的作用是指该相应的技术特征在对比文件公开的技术方案中实际所起的作用，而不是该相应的技术特征客观上可具有的作用的集合。

【案例4－7】快进慢出型弹性阻尼体缓冲器

权利要求的技术特征被对比文件隐含公开不仅要求该对比文件中包含相应的技术特征，还要求该相应的技术特征在对比文件中所起的作用和该技术特征在权利要求中所起的作用相同。

【案例简介】该申请涉及一种“快进慢出型弹性阻尼体缓冲器”的实用新型专利（2001年12月28日申请）。该申请的权利要求1如下：

1. 一种快进慢出型弹性阻尼体缓冲器，主要由套筒座（1），承撞头（2），活塞（3），弹性阻尼体（4）和密封装置（5）组成，其特征在于：在承撞头（2）的内腔（22）中装入弹性阻尼体（4），将活塞（3）与活塞杆（31）相连接，装入承撞头（2）的内腔（22）之中，将缸盖（21）与承撞头（2）连接成一整体，沿活塞（3）圆周部位设置有单向限流装置（32），压缩行程时单项限流装置（32）打开，回复行程时单项限流装置（32）关闭，活塞（3）外径与内腔（22）之间留有间隙（见图4－7－1）。

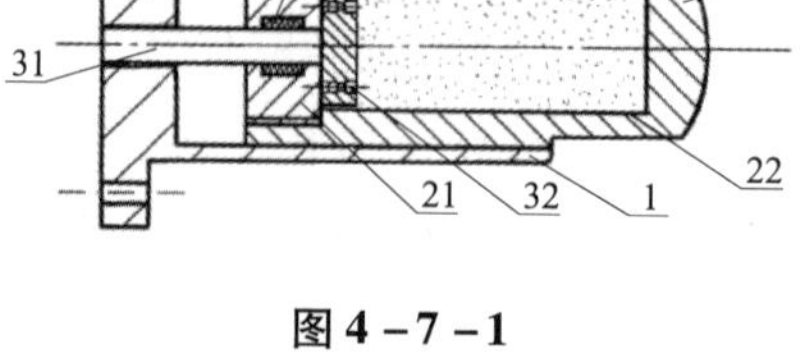

图4－7－1

对比文件 1: 2000 年第 1 期《国外铁道车辆》。

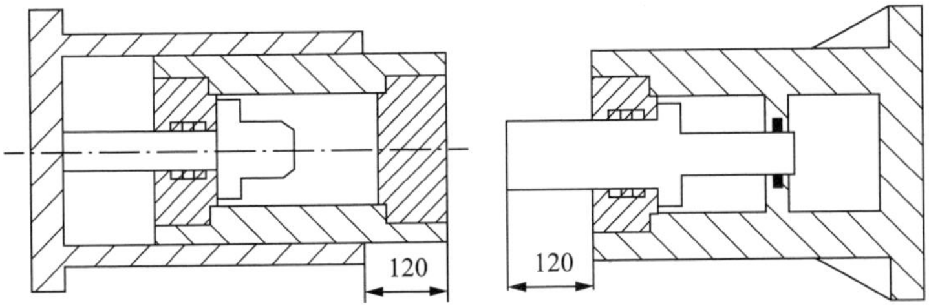

(a)带单向阀的方案　　(b)带高压室的方案

图 4–7–2

对比文件 1 公开了两种弹性胶泥缓冲器，其中图 4–7–2（a）为带单向阀的方案，图 4–7–2（b）为带高压室的方案。图 4–7–2（a）中示出该弹性胶泥缓冲器包含有套筒座、壳体、活塞、弹性胶泥和密封圈，壳体和内腔中装入弹性胶泥，活塞和活塞杆相连接，装入壳体的内腔之中，缸盖与壳体连接成一整体，活塞外径与内腔之间留有间隙。图 4–7–2（a）中未示出该单向阀的具体形状和位置。对比文件 1 的文字部分记载两种缓冲器结构方案的主要区别是：活塞杆压缩后返回初始位置的原理不同。第一种结构方案图 4–7–2（a）为此采用单向阀；第二种结构方案图 4–7–2（b）为此预设高压室。研制的加料设备可给缓冲器填装弹性胶泥材料，使其达到给定的初始压力。

观点一认为，对比文件隐含公开了该申请权利要求 1 的技术特征“沿活塞圆周部位设置有单向限流装置”。该申请权利要求 1 与对比文件 1 的区别特征在于：压缩行程时单向限流装置打开，回复行程时单向限流装置关闭。其所要实际解决的技术问题是通过与在活塞上的限流装置配合活塞外径和内腔之间留有的间隙实现缓冲器的快进慢出。而本领域技术人员容易想到将单向限流装置反装来实现缓冲器的快进慢出。故在对比文件 1 的基础上结合本领域技术人员的常规设计得到涉案专利权利要求 1 的技术方案是显而易见的，该权利要求 1 不具备创造性。

观点二认为，对比文件 1 的图 4－7－2（a）没有标明单向阀的具体形状和位置，“单向阀的位置”这一技术特征不能够从对比文件 1 附图中直接地、毫无疑义地确定，对比文件 1 文字部分仅仅提到了图 4－7－2（a）所示为带单向阀的缓冲器，也没有描述单向阀的形状和位置的文字说明，对比文件 1 隐含公开了沿活塞圆周部位设置有单向限流装置的技术特征，系从对比文件 1 附图中推测得出，缺乏事实依据，且与《专利审查指南 2010》第二部分第三章第 2.3 节的相关规定相悖。

【案例解析】该申请的单向限流装置（单向阀）的作用是实现承撞头的快进慢出，达到保护设备和降低噪音的目的。对比文件 1 中单向阀的作用是使压缩后的活塞杆返回初始位置。由于对比文件 1 中单向阀的作用不同于涉案专利权利要求 1 中单向限流装置的作用，故涉案专利权利要求 1 中“沿活塞圆周部位设置有单向限流装置”的技术特征，并不能从对比文件 1 中直接地、毫无疑义地确定。观点一认为对比文件 1 隐含公开了沿活塞圆周部位设置有单向限流装置的技术特征，没有事实依据。

进一步分析，观点一主张对比文件 1 隐含公开了权利要求 1 的技术特征“沿活塞圆周部位设置有单向限流装置”。但一方面，由于对比文件 1 未记载带单向阀的缓冲器的完整技术方案，所以不能从对比文件 1 的技术方案上得出该缓冲器必然会在活塞圆周设置单向阀来实现活塞头的快进慢出或慢进快出。另一方面，对比文件 1 又明确记载该缓冲器采用单向阀来实现活塞杆返回初始位置，该作用不同于权利要求 1 中单向阀的作用，故从认定权利要求的技术特征被对比文件公开的要件来看，观点二认定对比文件 1 未公开权利要求 1 的技术特征“沿活塞圆周部位设置有单向限流装置”不无道理。

第 5 章

区别技术特征及发明实际所解决的技术问题的准确确定

《专利审查指南2010》第二部分第四章第3.2.1.1节中规定："在审查中应当客观分析并确定发明实际解决的技术问题。"为此，首先应当分析要求保护的发明与最接近的现有技术相比有哪些区别技术特征，然后根据该区别技术特征所能达到的技术效果确定发明实际解决的技术问题。从这个意义上说，发明实际解决的技术问题，是指为获得更好的技术效果而需对最接近的现有技术进行改进的技术任务。发明实际解决技术问题的确定实际上是区别技术特征作用和效果的认定，在技术启示判断中也涉及区别技术特征在其他对比文件中的作用和效果是否相同，故必然对技术启示的判断产生影响，并最终影响创造性的审查结论，因此，确定发明实际解决的技术问题对创造性的客观评价至关重要。由此可见，"三步法"中的第二步：确定区别技术特征和发明实际解决的技术问题，在创造性的显而易见性判断中具有承上启下的关键作用，不恰当的确定技术问题会导致第三步的结合启示的判断缺乏坚实的基础，也会使得第一步确定最接近的现有技术失去了其真正的价值。

5.1 区别技术特征的确定

5.1.1 区别技术特征的含义及一般确定方式

专利相关法律以及《专利审查指南2010》中并没有明确给出区别技术特征的具体含义，从“三步法”的角度来看，区别技术特征应该指的是排除与最接近的现有技术实质上相同或等同的技术特征，也就是使发明或实用新型具备新颖性的特征之后的权利要求中其他的技术特征。

由第4章中关于特征的实质对比的内容可知，根据《专利审查指南2010》关于新颖性判断中对技术特征的认定，如果发明或者实用新型的权利要求与对比文件的区别点是以下方面，则不属于区别技术特征：①简单的文字或术语变化；②对比文件采用了具体（下位）概念，权利要求采用了一般（上位）概念；③所属技术领域的惯用手段的直接置换；④对比文件的数值落在权利要求数值范围内；⑤包含性能、参数、用途、制备方法等特征的产品权利要求中，无法确认性能、参数、用途、制备方法等特征会使产品区别于对比文件的产品性能。从而，区别技术特征也就是排除对比文件公开的特征以及上述几种不属于区别技术特征之后的技术特征。

5.1.2 确定区别技术特征需注意避免碎片化

专利审查中进行技术特征上的拆分，其最大的风险在于可能将技术方案人为地割裂开来，形而上学地得出创造性的结论。比如，现有审查实践中一种相对比较机械的做法是，首先将发明请求保护的技术方案分割为分离的技术特征，然后判断各个技术特征是否被最接近的现有技术公开，未公开的特征构成区别技术特征，然后不加区别地分别判断现有技术中是否给出将这些区别特征应用到该最接近的现有技术中以解决其存在的技术问题的启示。这种做法往往割裂了整体的技术方案，无法准确地反映发明构思的实际过程，也难以客观地衡量发明的实际贡献。发明请求保护的技术方案与最接近的现有技术相比的区别特征并不是孤立存在的，单个区别特征本身不能独立产生技术效果、解决技术问题，它需要与其他的技术特征一起形成一个相对完整的技术手段，从而在整个技术方案中发挥特定的功能作用。因此在解读发明技术方案的技术特征时，需要把每个特征融入发明整体构思中加以考虑，将紧密联系、共同形成独立技术手段的若干技术特征进行整体把握。

也就是说，在确定区别技术特征的过程中，应当把握发明构思以及整体性原则，因为区别技术特征在发明所界定的特定技术环境中解决了技术问题、取得了技术效果，并借此体现和发挥出与最接近的现有技术不同的作用。把握发明构思的整体性原则要求本领域技术人员兼顾多个技术特征相互之间的关系来考虑区别技术特征。具体来说，对区别技术特征的确定需要注意以下三个因素：（1）通过文字表达限定出的技术特征；（2）技术特征相互之间的关系；（3）本发明所属的技术领域。只有将以上三个因素合并考虑，才构成完整的“区别技术特征”。由于第一个因素在权利要求中通过文字限定有所体现，确定起来并不存在困难，不是审查实务的难点，因此下面重点讨论其他两个因素。

1. 技术特征相互之间的关系

一般情况下，机械领域中的权利要求可以看作由基本元件和基本元件之间的相互关系来共同组成。产品权利要求中，基本元件对应于产品的各个组成部分；方法权利要求中，基本元件对应于各个操作步骤。由于有时基本元件之间的关系也会在权利要求中被明确地通过文字表述出来，即技术特征，更具有普适性，此处“技术特征相互之间的关系”所指的就是基本元件之间的相互关系。

一般来说，基本元件之间的相互关系包括以下几种情形：

（1）空间上的关系。包括位置关系、连接关系，这在机械领域中较为多见。例如："部件A位于部件B的底部"或"部件A经由部件B连接到了部件C"这样的技术特征，如果通过文字对比发现该申请具有部件A而对比文件1中没有，则区别技术特征不仅仅是具有部件A，而是"具有位于部件B底部的部件A"或者"具有经由部件B连接到了部件C的部件A"，这样的认定才是完整的。

（2）时间上的关系。主要指先后次序关系，这在方法中较为多见。例如：权利要求的方案中有4个步骤，它们之间有明显的先后次序，如果对比文件1只公开了步骤1、2和4，则区别技术特征不是"还具有步骤3"，而应该是"在步骤2和4之间还具有步骤3"。

（3）功能上的关系。如相互支持（相互配合）或相互排斥的关系，以及因果关系，即某基本元件是由于另一基本元件存在或起作用的原因才得以出现或存在。

举例来说，一种用于预防和治疗颈椎病的枕头，由枕套和枕芯构成，其中间部位设有近似于头形的凹陷槽，凹陷槽下方为头枕、凹陷槽沿头枕宽度方向的两侧为颈枕，其特征在于：在头枕和颈枕的下方设置气囊，在颈枕内装有振动按摩器。对比文件1公开了一种颈椎乐枕头，其也由枕套和枕芯构成，其中间部位设有近似于头形的凹槽，凹槽下方为头枕，在头的上下两侧为颈枕，在头枕和颈枕的下方设置气囊。在此最接近的现有技术中还明确记载了该气囊不适宜与振动按摩器一起使用，以防止气囊频繁受到挤压而破裂。

这里的基本元件主要是颈枕、气囊和振动按摩器，考虑基本元件之间的相互位置关系——振动按摩器位于颈枕内，以及基本元件之间的功能上的关系——气囊与振动按摩器相排斥，区别技术特征应该被认定为"还具有和气囊共存的、位于颈枕内的振动器"。反之，缺少了上述基本元件间的位置关系或功能关系，都不能认为是完整的区别技术特征。

当然，对于功能上相互支持或相互排斥这一关系，不能片面地仅通过该申请或对比文件的陈述来确定，而是需要本领域技术人员结合该申请或该对比文件所对应的现有技术，通过对技术方案的分析来客观认定。

权利要求中具有功能上关系的基本元件的情况中，则不论是相互支持、相互排斥，抑或因果关系，则意味着此时这两个基本元件通过这一相互关系组成了一个紧密联系的“技术特征团”，在进行特征对比时应该考虑将这一“技术特征团”作为一个不可拆分的整体来进行。

专利号为02804853.9的第14900号无效宣告请求审查决定认为，不应单独认定每一区别技术特征是否属于本领域的公知常识，而应当根据发明的技术方案进行整体分析把握。

该案中，发明请求保护一种灯用装饰性玻璃件，包括紧固机构，形成为一个单独的本体以及允许直接地与一个灯座连接，上述紧固机构包括一个螺纹，形成在该玻璃件的一个表面部分的内侧面，所述灯用装饰性玻璃件包括一种硼硅酸盐，从而允许希望的加工。最接近的现有技术公开了一种球形灯罩（相当于灯用装饰件），连接有连接腹板（相当于紧固机构），连接腹板上的内螺纹（相当于一个螺纹，形成在装饰件的内侧面）与灯座的外螺纹配合。可见，区别技术特征在于，灯用装饰件为硼硅酸盐玻璃，紧固件为灯用装饰件的一体部分，即区别体现在装饰性材料的选择以及紧固机构与装饰件的连接关系上。

如果仅割裂地看待每个区别技术特征，不考虑整体发明构思的话，我们会直接得到“采用玻璃作为灯用装饰件材料”“采用硼硅酸盐作为玻璃的原料”“紧固机构与灯罩形成一体或是彼此连接且各自独立的部件”均属于本领域的常规选择，判断发明不具备创造性。

然而，根据说明书的记载，在充分理解发明构思之后，我们可以知道，该发明涉及一种一体的玻璃灯罩，玻璃灯罩颈部内侧面上形成有内螺纹，用于直接拧在灯座上，采用硼硅酸盐是为了能够容易地在玻璃灯罩上形成内螺纹。因此，在明确了发明构思后，我们就不能孤立地看待上述区别特征了，而能够想到选择硼硅酸盐玻璃作为灯罩材料并将紧固机构形成为灯罩一体部分，克服了现有技术中常规认为难以在玻璃灯罩上加工内螺纹的技术偏见，从而生产一种结构简单且可直接配合于灯座的玻璃灯罩，有利于正确评价发明的技术贡献。

2. 发明所属的技术领域对区别技术特征的影响

发明所属的技术领域，也体现在区别技术特征实际实现的技术效果和其所起的作用上，同时对确定发明实际解决的技术问题具有重要的意义。区别技术特征带有技术领域的烙印，区别技术特征与技术领域密不可分。

通常，应当分析要求保护的发明与最接近的现有技术相比有哪些区别技术特征，然后根据该区别技术特征所能达到的技术效果确定发明实际解决的技术问题。也就是说，确定区别技术特征的目的是客观分析并确定发明实际解决的技术问题。发明要实际解决的技术问题，是在特定的技术领域中，采用了特定的技术手段，尤其是包括了区别技术特征所代表的一些技术手段，达到了一定的技术效果，从而解决相应的技术问题。技术领域是具体的技术特征所存在的大环境，也是拆分后的每一个单独的技术特征存在的基础和大前提。一般情况下，技术领域通过权利要求的所有技术特征所组成的完整技术方案所体现。

区别技术特征的技术领域，即其所处的技术环境，包括广义和狭义两类。

广义的技术领域，通常指的是技术方案所实现的环境，可以理解为通常意义上的应用领域。根据《专利审查指南 2010》对技术领域的定义，发明或者实用新型的技术领域应当是要求保护的发明或者实用新型技术方案所属或者直接应用的具体技术领域，而不是上位的或者相邻的技术领域，也不是发明或者实用新型本身。在这一层意义上，具体技术领域通常对技术方案的归属或者应用具有了相应的限定作用。一般而言，在分析区别技术特征的时候，需要考虑具体技术领域的影响。

举例来说，该申请要求保护一种光电倍增管，其特征在于，侧管（2）的外壁面（2b）在管轴方向上与底座（4）的边缘面（4b）在同一平面内。而最接近的现有技术 D1 中，公开的光电倍增管侧管（2）的外壁面（2b）在管轴方向上与底座（4）的边缘面（4b）具有凸缘连接。

此时，确定区别技术特征的时候，从文字表面来开，区别在于该申请相对于对比文件1来说使得金属侧管和底座不再具有凸缘的焊接接触方式，发明实际解决的技术问题是使光电倍增管小型化。

但是，仅从文字表达上来确定区别技术特征，显然也是孤立地、机械地看待区别技术特征。事实上，在该案例中，区别技术特征所处的技术领域应当充分加以考虑。光电倍增管这一具体技术领域，对于其领域内的光电倍增管的侧管外壁面在管周方向上与底座（4）的边缘面（4b）的连接方式，固然地具有限定作用。其隐含了在该领域中涉及的机械应力、连接手段和方式、电磁属性、气密性等多种物理化学属性。因此，适宜将区别技术特征确定为，光电倍增管的金属侧管和底座不再具有凸缘的焊接接触方式，而不是任意的或抽象的管的连接方式。

狭义的技术领域，通常指的是区别技术特征在技术方案整体中所处的局部小环境，可以理解为通常意义上的功能领域。发明的技术方案作为一个整体，解决相应的技术问题，实现相应的技术效果，发挥相应的作用。而作为整体一部分的区别技术特征，在技术方案中，是不可或缺的固有部分，自然也起到了非常重要的作用。

区别技术特征除了与技术方案中其他特征具有相互的关系之外，其自身实现的功能也必然在技术方案整体所处的环境中发挥作用。

例如，该申请要求保护一种旋转台灯（100），其特征在于所述定位结构还包括第二螺母（36），杆部还形成远离头部的第二螺纹（325），第二螺纹（325）直径小于第一螺纹（328），第二螺纹（325）的螺距小于第一螺纹（328）的螺距，第二螺母（36）螺合于第二螺纹（325）上。而最接近的现有技术D1中，公开的旋转台灯中，定位结构仅包括一个螺母和一种螺纹。

从文字表达上来看，区别技术特征在于"所述定位结构还包括第二螺母（36），杆部还形成远离头部的第二螺纹（325），第二螺纹（325）直径小于第一螺纹（328），第二螺纹（325）的螺距小于第一螺纹（328）的螺距，第二螺母（36）螺合于第二螺纹（325）上"。但是，该区别技术特征在技术方案中所处的位置是，为了解决旋转台灯的灯头和灯座之间的螺钉和螺母容易松动的技术问题，采用了具有两节螺纹和两个螺母的技术方案，从而螺钉螺母不易松动。不难理解，这是螺钉螺母在连接结构这一技术环境中的功能，因此狭义的技术领域可以认定为“连接件领域”。

虽然从广义和狭义两个角度阐述了关于技术领域对区别技术特征的影响，然而事实上对于区别技术特征的技术领域，也常常存在可扩展的情况。扩展的情况通常可分为三种。第一种是向相近领域的扩展。例如，与光电倍增管的领域相近的领域如真空放电管，真空管以及二次发射管、电子管等领域，本领域技术人员在寻找解决问题的线索时自然而然想到的应该是光电倍增管本身以及上述相近的领域。第二种是向上位领域的扩展。例如，在汽车的发动机领域，如果区别技术特征所包括的发动机设计，与汽车作为特定交通工具这一属性关联不强时，可以扩展到到综合类的交通工具的发动机这一领域。第三种是相关领域的扩展。例如，虽然表面上来看，台灯与螺钉明显属于不同的技术领域，但是对于台灯制造业来说，除了涉及光、电等方面的技术之外，还可能涉及若干其他相关行业的技术，例如电镀处理、化工材料等，所以从这个角度来讲，螺钉领域属于台灯制造相关的行业。

客观准确地确定区别技术特征，是确定发明实际所解决的技术问题的基础。应当从所属领域的技术人员角度出发，在把握对比技术方案各自保护范围和技术特征实质含义的前提下比对技术方案本身的区别，同时排除实质上相同或等同的技术特征。

5.2 确定发明实际解决的技术问题的重要性

确定区别技术特征和发明实际解决的技术问题，是评价发明创造性的“三步法”中的第二步，在创造性的显而易见判断中具有承上启下的关键作用。为更好地理解确定发明实际解决的技术问题对创造性判断的重要性，我们首先从下面的案例开始。

【案例5－1】一种用于内燃机的排气净化设备

【案例简介】现有技术中的V型内燃机，不同的排气通道连接到各列的气缸组，并且排气通道通过连通通道彼此连通，作为一种用于内燃机的排气净化设备，已知有一种诸如存储还原型NOx催化剂的再生式排气净化催化剂。通过将燃料添加到排气、利用燃料使排气的空燃比高于理论空燃比以及将排气净化催化剂的温度加热到用于恢复处理的目标温度来实现排气净化催化剂的恢复处理。通过将燃料从燃料添加阀喷射到排气中来将燃料添加到排气。当排气的流速在燃料喷射时低时，燃料难以被分散在排气中，这样，燃料在到达排气净化催化剂之前可能没有被充分地雾化。该发明的目的是提供一种能够促进燃料分散到排气中以及促进燃料雾化的用于内燃机的排气净化设备。

该发明通过连通通道14，形成左排气分支通道12L的一部分的排气歧管15L与形成右排气分支通道12R的一部分的排气歧管15R彼此连通。连通通道14的流道横截面比排气分支通道12L和12R以及合并排气通道13的流道横截面小。因此，连通通道14中排气的流速比排气分支通道12L和12R以及合并排气通道13中排气的流速高，并且连通通道14具有燃料添加阀31。因此，燃料能够添加到具有高流速的排气，能够促进燃料分散到排气中以及燃料的雾化。

驳回决定所针对的权利要求1如下：

1. 一种用于内燃机的排气净化设备，包括：第一气缸组；第二气缸组；排气通道，其具有连接到所述第一气缸组的第一分支通道和连接到所述第二气缸组的第二分支通道；连通通道，其将所述第一分支通道与所述第二分支通道彼此连接；排气净化装置，其设置在所述排气通道中，并且位于排气通道连接到所述连通通道的位置的下游；以及排气流控制装置，其用于控制排气流以使在预定的排气流切换条件成立时，从所述第一气缸组和所述第二气缸组中的一个排出的排气通过所述连通通道被引入连接到另一气缸组的分支通道中，其中所述连通通道的流道横截面比所述第一分支通道和所述第二分支通道的流道横截面小，并且所述连通通道设置有从所述排气净化装置的上游添加燃料的燃料添加阀（见图5－1－1）。

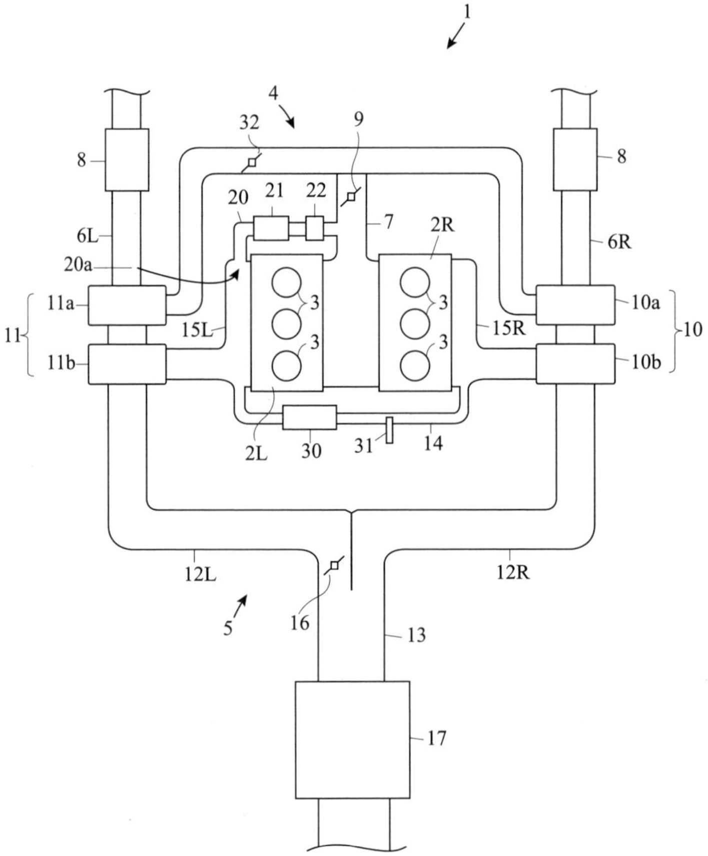

图5－1－1

对比文件1公开一种内燃机的排气净化设备，包括：第一气缸组1a，第二气缸组1b，排气通道，其具有连接到所述第一气缸组1a的第一分支通道2a和连接所述第二气缸组1b的第二分支通道2b；连通通道4，其将所述第一分支通道2a与所述第二分支通道2b彼此连接；排气净化装置3a、3b，其设置在所述排气通道中，并且位于排气通道连接到所述连通通道 4 的位置的下游；以及排气流控制装置 5、6a、6b，其用于控制排气流以使在预定的排气流切换条件成立时，从所述第一气缸组 1a 和所述第二气缸组 1b 中的一个排出的排气通过所述连通通道 4 被引入连接到另一气缸组的分支通道中，其中所述连通通道 4 的流道横截面比所述第一分支通道 2a 和所述第二分支通道 2b 的流道横截面小，并且第一分支通道 2a 和第二分支通道 2b 中分别在排气净化装置 3a、3b 的上游设置有添加燃料的燃料添加阀 7a、7b。即通过相互独立地控制流入各个催化剂的排气流量，保证净化效果，采用的技术手段是调节开关阀和两个流量调节阀的开口，使通过开口小的流量调节阀的排气流量减少，流速降低；然后通过设置在分支通道上的燃料添加阀添加燃料，当燃料到达排气净化装置时，完全关闭开口小的流量调节阀，保证燃料停留在排气净化装置中较长时间，从而保证净化效果（见图 5－1－2）。

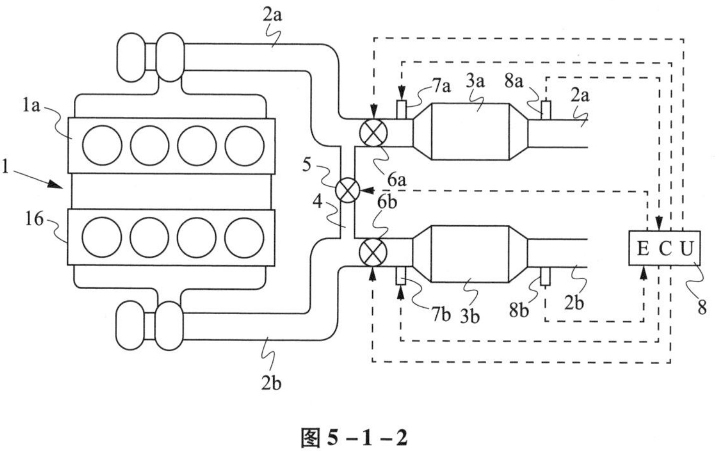

图 5－1－2

对比文件 2 公开了一种将燃料分配至柴油机排气设备中的系统，其在微粒捕捉器的上游设置燃料供应设备 40，将燃料添加到排气管道 26 中。

驳回决定的主要理由为：权利要求 1 的技术方案与对比文件 1 的区别在于：所述连通通道设置有从所述排气净化装置的上游添加燃料的燃料阀，其要解决的技术问题是通过将燃料添加到排气中，利用添加的燃料提高燃气温度，以利于排气净化单元的再生。对比文件2中公开了在微粒捕捉器的上游将燃料添加到柴油发动机排气中，以提高排气温度，利于微粒捕捉器的再生。对比文件2给出了在排气净化单元的上游添加燃料阀以提高排气温度的启示，而通过燃料添加阀添加燃料为本领域的常规技术手段，将燃料添加阀设置在连通通道中，本领域技术人员也很容易想到，因此权利要求1不具备创造性。

申请人不服驳回决定，提出复审请求，但并未对申请文件进行修改。

合议组经审查，认为：权利要求1的技术方案与对比文件1所公开的技术内容相比，其区别技术特征为：燃料添加阀的设置位置不同，该申请中燃料添加阀设置在连通通道中，而对比文件1中的燃料添加阀分别设置在第一分支通道和第二分支通道中。由此可知，该发明实际要解决的技术问题是促进燃料分散到排气中以及促进燃料的雾化。而对比文件1中通过降低进入排气净化装置的废气和燃料的速度，延长燃料在排气净化装置中的停留时间来保证较好的净化效果，即通过燃料添加处的废气流速较低，对比文件2中仅公开了将燃料添加到排气管道中，但通过燃料添加处的废气流速也并未被显著提高。因此，对比文件1和2均未公开将燃料添加阀设置在连通通道中，两者均未给出选择燃料添加阀的设置位置从而促进燃料分散到排气中以及促进燃料雾化的技术启示，同时，也没有证据表明将燃料添加阀设置在连通通道中以促进燃料分散到排气中和促进燃料雾化是本领域的公知常识。因此，基于目前对比文件所公开的技术内容，本领域技术人员不能显而易见地得出该申请权利要求1所要求保护的技术方案，且权利要求1的技术方案具有有益的技术效果。因此，该申请权利要求1具有突出的实质性特点和显著的进步，具备《专利法》第22条第3款规定的创造性。

【案例解析】驳回决定与复审决定对于对比文件1和2所公开的内容以及区别技术特征的认定基本相同，不同的是发明实际解决的技术问题，从而直接导致在创造性判断中得出截然相反的结论。

该申请中，燃料添加阀的设置位置不同，这只是一个直接区别，而该设置位置的横截面恰恰比排气分支通道的横截面小，正是由于连通通道的横截面小，进入其中的废气流速相对于排气分支通道中的废气流速快，才使得燃料能够通过连通通道上的燃料添加阀添加到高流速的废气中，从而保证燃料在废气中充分扩散，以便废气携带的燃料在进入排气净化装置后能够均匀接触到催化剂进行反应，达到较好的净化效果。即本领域技术人员根据确定的区别技术特征、区别技术特征与其他技术特征的关联及专利文件公开的技术内容客观分析区别技术特征所带来的技术效果，能够认定该申请的方案确实能够实现说明书中声称的效果“促进燃料充分扩散到排气中”。而上述效果是特征“燃料添加阀设在连通通道上”和特征“连通通道的横截面小”共同作用的效果，因此，在确定发明实际解决的技术问题时，不仅应由所属领域技术人员进行客观分析判断，同时还应当考虑技术特征之间的关联性，并以此为基础来确定发明实际解决的技术问题。

而驳回决定中的发明实际解决的技术问题，恰恰割裂了上述特征之间的相互作用，未站在本领域技术人员的角度整体考虑区别技术特征在发明中所带来的技术效果，而是以排气净化设备都追求的终极目标作为发明实际解决的技术问题。在此基础上，才会认定“将燃料添加阀设置在连通通道上”是容易想到的，从而得出权利要求 1 不具备创造性的结论。

由上述例子可知，发明实际解决的技术问题对技术启示的判断会产生直接影响，因而在确定发明实际解决的技术问题时应注意：

创造性评述“三步法”中，在确定区别技术特征之后，需要考虑区别技术特征带来的效果，并据此确定发明实际解决的技术问题，然后在此基础上判断发明是否“显而易见”。如果脱离了对技术问题的考察，仅片面地关注区别技术特征本身是否在其他现有技术中记载，或者是否是公知常识，将影响创造性评价结果的正确性。特别是当区别技术特征仅在于某部件的位置不同、形状不同等，貌似常见结构的情况下，此时如果不考虑区别技术特征带来的效果，并据此确定专利实际解决的技术问题，则很容易得出区别技术特征是本领域的公知常识，或对于本领域技术人员来说容易想到，从而在创造性评价中得出不客观、不公正的结论。

5.3 确定发明实际解决的技术问题的依据

通常，确定发明实际解决的技术问题的依据包括：说明书中明确记载的区别技术特征在发明中的作用、发明所要解决的问题或发明的技术效果。说明书中未明确记载，但本领域技术人员根据现有技术可以预期或确认的关于区别技术特征在发明中客观上具有的作用或使发明客观上达到的技术效果。

原则上，构成发明技术方案的所有技术特征在整体技术方案中所产生的技术效果，均可以作为确定发明实际解决技术问题的依据，只要这些技术效果是所属领域技术人员可以预期的。

实践中，确定发明实际解决的技术问题的步骤通常如下：

第一步，根据最接近的现有技术确定发明的区别技术特征。第二步，说明书中记载了区别技术特征对应的技术问题时，一般该技术问题即为发明实际解决的技术问题。第三步，说明书中未记载区别技术特征对应的技术问题时，确定区别技术特征在发明中的作用及使发明达到的技术效果，并由此确定发明实际解决的技术问题：

（1）如果说明书记载了区别技术特征使发明达到的技术效果，且该技术效果可以得到确认，则根据区别技术特征使发明达到的技术效果确定发明实际解决的技术问题；

（2）如果说明书未记载区别技术特征使发明达到的技术效果，可以根据本领域技术人员能够预期的技术效果确定发明实际解决的技术问题；

（3）如果最接近的现有技术与发明的技术效果相同，那么发明实际解决的技术问题就是提供另一种与现有技术具有相同或类似技术效果的其他替代方案。

发明实际解决技术问题的确定，需要审查员站在本领域技术人员的角度，对于发明与最接近现有技术的发明构思进行准确理解和比较，根据发明构思指导下区别技术特征之间的相互关系和对发明构思的贡献度，形成一个准确、客观的技术问题。如果存在多个区别特征，在确定技术问题的时候需要从发明构思和整体原则出发，去衡量所得到的区别技术特征内在的关联，以得到一个准确客观的、所解决的技术问题。

5.4　确立发明实际解决的技术问题应避免导致“事后诸葛亮”

“三步法”判断的核心是技术问题，如果不能正确确立发明实际所要解决的技术问题，则第三步的判断也将会出现偏差。目前，存在的一个比较普遍的问题是经常在审查实践中，在确定的技术问题中带有技术方案的指引，常常包括两种情形：第一，技术问题含有全部或者部分区别技术特征；第二，技术问题为区别技术特征的上位化，这样的“技术问题”虽然不是区别技术特征本身，但是仍然带有技术方案的指引，而非真正的技术问题，容易导致“事后诸葛亮”。

下面我们先看一个欧洲专利局上诉委员会的案例（Etching Process, T 229/85 3. 3. 1，［1987］，office. J. Eur. Pat. off. 237），该案涉及一种用于在印刷电路的生产中刻蚀金属表面的工艺。可以采用含有例如硫酸和过氧化氢的溶液刻蚀诸如铜等金属，采用这种刻蚀溶液的实际问题是在刻蚀过程中释放的金属离子加速过氧化氢的分解。现有技术，包括一项美国专利，为了抑制过氧化氢的分解，在溶液中加入了一种负催化剂。请求保护的工艺尝试了一种新方法：不使用负催化剂，直接在刻蚀发生前将过氧化氢加入刻蚀溶液中，在刻蚀过程中，实际仅有少量被完全消耗。审查部门以不具备创造性为由驳回了申请，理由是发明实际解决的技术问题可以看作在不使用负催化剂的情况下阻止过氧化氢的分解，而基于上述问题本领域技术人员很容易想到直接在刻蚀发生前将过氧化氢加入刻蚀溶液中的。

但是上诉委员会不同意，认为：审查部门所界定的问题可能受到该申请所含信息的影响，难免并入了该发明所提供的解决方案的一部分。这种去除负催化剂的构思是教导该发明的重要部分，其反映在以上所给出的溶液和最终确定添加到溶液中过氧化氢的量和时机。但是，一个发明的技术问题的确立必须不包含解决问题的想法，因为问题中包括了发明所提供的解决方案的一部分，就这个问题来说，现有技术不能正确地进行认定，导致了“事后诸葛亮”的错误。因此，审查部门的单个结论是站不住脚的。上诉委员会倾向于将实际所解决的技术问题确定为“发明了一个刻蚀工艺……涉及尽可能低的消耗过氧化氢，使废刻蚀溶液易于再生”。

例如，某小型散热风扇专利，其中的转子只靠单轴承支撑，该专利为了消除转子转动时产生晃动的问题，而在底座上设置了一对与转子永久磁铁相互作用的平衡片。通过分析可知，其中“在底座内设置一对与转子永久磁铁相互作用的平衡片”是解决“转子转动时产生晃动”这一技术问题的手段，此时如果将技术问题确定为“如何设置与转子永久磁铁相互作用的平衡片以消除转子转动时产生晃动”则是不正确的，因其带入了专利解决该技术问题所采取的技术手段的指引。

由上述案例可以看出，为避免采用“三步法”评价创造性容易导致“事后诸葛亮”的情况发生，应当准确地确立发明实际解决的技术问题，避免“事后诸葛亮”，关键是牢记问题确定的主体是本领域技术人员，问题确定的时间点是在专利的申请日前。所以，在确定实际解决的技术问题时，应注意避免超出本领域技术人员在专利申请日前的能力。发明所实际解决的技术问题必须以这样的方式来构建：在创造性判断中，所确定的技术问题不应包含区别技术特征本身或者上位化的区别技术特征，技术问题是依据区别技术特征作用于最接近现有技术中与区别技术特征密切相关的那些技术特征的整体所产生的技术效果而确定的。

5.5　确定发明实际解决的技术问题应与最接近现有技术存在的技术问题一致

在实际审查中，创造性判断的难点和争议点均集中在两篇或多篇对比文件结合是否存在结合启示上，即现有技术中是否给出将区别技术特征应用到该最接近的现有技术以解决其存在的技术问题的启示，会使本领域技术人员在面对所述技术问题时，有动机改进该最接近的现有技术并获得要求保护的发明。因此，准确确立发明实际所要解决的技术问题显得至关重要。此外，目前还普遍存在的现象是只考虑了“发明实际解决的技术问题”和现有技术中存在的能够解决上述技术问题的技术特征之间的对应一致，认为只要现有技术中存在解决上述技术问题的技术特征，就存在技术启示，而忽略了最接近现有技术中客观上是否存在上述实际要解决的技术问题。

实际上，《专利审查指南2010》第二部分第四章第3.2.1.1节在第（2）步骤中作了如下规定：“发明实际解决的技术问题，是指为获得更好的技术效果而需对最接近的现有技术进行改进的技术任务”，即隐含了该实际解决的技术问题应该与最接近的现有技术中所客观存在的技术问题是一致的。简而言之，如果不能够准确确立发明实际所要解决的技术问题，忽略客观存在的技术问题与实际解决技术问题的一致性，就容易导致“事后诸葛亮”，影响创造性的判断。

只有在最接近的现有技术客观上存在的技术问题与发明实际解决的技术问题满足“对应一致”关系的前提下，才存在本领域技术人员有动机对该最接近的现有技术进行改造，进而去相关领域寻找为解决该技术问题而使用的技术手段，并将所找到的技术手段（即涉案权利要求与最接近的现有技术之间的区别技术特征）应用于最接近现有技术的可能。相反，如果发明实际解决的技术问题不是最接近现有技术客观上存在的技术问题，则根本没有动机对该最接近的现有技术进行改造，更无法谈及将某一技术手段与该最接近的现有技术进行结合。

欧洲创造性判断中的 Could - Would 法则也体现了上述原则：审查员按照“三步法”的要求，要寻找发明实际解决的技术问题，然后，审查员判断于申请日时申请人面对该技术问题会如何解决，在现有技术中是否存在将区别技术特征与最接近对比文件结合的教导，如果存在，认为申请日时申请人会将现有技术结合得出申请的发明技术方案。该法则的设立就是为了弥补“三步法”有“事后诸葛亮”的判断倾向。如果不去考虑技术问题，也就只考虑了现有技术能（Could）这样结合，没有考虑申请人在申请日会不会（Would）这样结合，也就等同于“事后诸葛亮”的判断。

例如在欧洲专利局上诉委员会判例 T 1126/09 中，委员会指出，根据“Could - Would”法则，在评价创造性时，必须在每个具体案件中根据最接近的现有技术或从中得到的客观技术问题，来确定所属领域技术人员在多大程度上有充分的理由引用更进一步的现有技术并将其启示应用到最接近的现有技术中，换言之，是否任何引用文献结合的因素都是可辨别的。

但是需要注意的是，实际所解决的技术问题应作广义解释，并不意味着必然是对现有技术的改进，可能只是提供与已知装置或方法具有相同或者类似效果的技术方案。

【案例 5 - 2】记忆体 IC 检测分类机

在确定实际解决的技术问题时，需要考虑实际解决的技术问题是否在最接近的现有技术中客观存在。

【案例简介】该申请的权利要求 1 为：

1. 一种记忆体 IC 检测分类机，其特征在于，其是包含：供料匣：设在机台上，用来承置待测的记忆体 IC；收料匣：设在机台上，用来承置完成检测的记忆体 IC；测试装置：是设在机台上，其并设有具数个常闭型测试套座的测试电路板，该常闭型测试套座包括底座、上座与导引座，上座以弹簧与滑片架设在底座的上方，导引座是设在底座与上座的框架内，以导引定位 IC。

最接近的现有技术（对比文件 1）公开了以下技术内容：一种记忆卡检测机，该检测机包括供料装置 10（相当于权利要求 1 中的供料闸），设在机台上，用来承置待测的记忆体 IC；收料装置 70（相当于权利要求 1 中的收料闸），设在机台上，用来承置完成检测的记忆体 IC；测试装置 50，设置在机台上，并设有数个常开型测试套座 51 的测试电路板。

由上可知，权利要求 1 与对比文件 1 的区别在于：权利要求 1 中采用的测试套座为常闭型测试套座，其包括底座、上座与导引座，上座以弹簧与滑片架设在底座的上方，导引座是设在底座与上座的框架内，以导引定位 IC，而对比文件 1 中采用的测试套座为常开型测试套座。

对比文件 2（CN1756464A）中公开了一种常闭型 IC 测试套座，其包括底座、上座与导引座，上座以弹簧与滑片架设在底座的上方，导引座是设在底座与上座的框架内，以导引定位 IC。

审查意见指出：基于上述区别技术特征，可以确定权利要求 1 相对于实际要解决的技术问题是如何使 IC 能够在测试时被准确导引对位，对比文件 2 中公开了上述区别技术特征，且其作用与在该申请中的作用相同，均是使 IC 能够在测试时被准确导引对位，从而在对比文件 1 的基础上结合对比文件 2 得到权利要求 1 请求保护的技术方案对本领域技术人员而言是显而易见的，权利要求 1 不具备创造性。

【案例解析】该案中，权利要求 1 与对比文件 1 的区别在于权利要求 1 中采用的测试套座为常闭型测试套座，而对比文件 1 中采用的是常开型测试套座，但通过本申请和对比文件 1 的记载可知，这两种类型的测试套座所实现的功能是一样的，均是使 IC 能够在测试时被准确导引对位，那么显然，对比文件 1 中并不存在如审查意见中所说的如何使 IC 能够在测试时被准确导引对位的技术问题，审查意见中所确定的权利要求 1 相对于对比文件 1 实际所解决的技术问题其实是不恰当的。那么由此出发，是否可以认为本领域技术人员不会对对比文件1所代表的现有技术产生动机进行技术上的改动，进而可以认为该发明具备创造性?

《专利审查指南2010》第二部分第四章第4.6.2节中也例举了一种要素替代的发明的创造性判断，其中要素替代的发明是指已知产品或方法的某一要素由其他已知要素替代的发明，并指出：如果发明是相同功能的已知手段的等效替代，或者是为解决同一技术问题，用已知最新研制出的具有相同功能的材料替代公知产品中的相应材料，或者是用某一公知材料替代公知产品中的某材料，而这种公知材料的类似应用是已知的，且没有产生预料不到的技术效果，则该发明不具备创造性。由此可知，技术改进是确定该发明实际解决客观技术问题的一个重要组成部分，但并非唯一因素，因为本领域技术人员也可能尝试各种方法以丰富现有技术，找出类似替代技术方案。因此，对该发明实际解决技术问题的理解应当作广义解释，并不意味着必然是对现有技术的改进，可能只是提供与已知装置或者方法具有相同或类似效果的技术方案。

对于该案，本领域技术人员从对比文件1出发，应当确定的实际所解决的技术问题应该是获得类似的产品或提供另一种测试时可以对IC准确导引对位的测试套座，而对比文件2中已经公开了一种常闭型IC测试套座，具有导引定位IC的作用，其属于本领域已知的手段，本领域技术人员在对比文件1公开的基础上，将常开型IC测试套座替换为常闭型IC测试套座以获得类似的产品，是无需付出创造性劳动的。

5.6 存在多个区别技术特征时应考虑特征之间的关联性

在审查实践中经常会碰到权利要求与最接近的现有技术存在多个区别技术特征的情况，此时该如何根据这些技术特征确定相应的技术问题?

在创造性判断经常出现的情况是没有考虑区别技术特征之间的技术

关联性，而人为地将具有关联性的特征割裂开，并分别确定各自的技术问题，这相当于分别评述对比文件与这些单独的区别技术特征各自构成的技术方案的创造性，并且各个技术方案是简单的、无创造性的组合，这就影响了对创造性的准确判断。

实际上，我们知道权利要求中的每个特征不应该被孤立地单独拿出来考虑其固有的功能，而应当放入该权利要求请求保护的具体的技术方案中，然后根据该特征或其与其他关联特征共同所获得技术效果确定其在该技术方案中所具体起到的作用。因此，在根据多个区别技术特征确定技术问题时，也应当考虑这些技术特征之间的技术关联性，如果技术上互相关联互相作用，则应当作为一个整体的区别技术特征，由此确定一个所要解决的技术问题。在机械领域中，技术特征之间的技术关联性通常表现为结构、部件之间的相互连接和配合关系。

【案例5－3】糖醋生姜专用罐头瓶

在判断权利要求的创造性时，应该从权利要求的技术方案整体上考虑，不能简单将权利要求中的多个区别技术特征割裂开来，然后根据每个区别技术特征分别确定发明实际所要解决的技术问题，而是要考虑这些特征之间的作用是否相互关联且相辅相成。

【案例简介】该申请涉及一种糖醋生姜专用罐头瓶，其所要解决的技术问题是提供一种能使糖醋生姜在装卸和运输过程中受到晃动或倾斜时不会浮出姜汁液面的专用罐头瓶。权利要求1如下：

1. 一种糖醋生姜专用罐头瓶，其特征是罐头瓶由瓶盖（1）、瓶身（6）和保鲜塞（5）组成，其中，瓶身（6）的顶部有瓶口（3），瓶口（3）为圆口结构，瓶口（3）的圆口内环壁呈喇叭口结构，瓶口（3）的外壁上有与瓶盖（1）配合的螺纹；保鲜塞（5）为圆柱体结构，保鲜塞（5）内有凹槽（4），凹槽（4）的底构成压滤盖（8），压滤盖（8）上有过滤孔（9），凹槽（4）的底中心有凸起的起塞柄（11），凹槽（4）沿口的外围为喇叭口结构，凹槽（4）沿口外围的喇叭口结构与瓶口（3）内环壁的喇叭口尺寸相配合；保鲜塞（5）由瓶口（3）伸入罐头瓶内，凹槽（4）沿口外围的喇叭口结构放置在瓶口（3）的喇叭口结构中，使压滤盖（8）定位在罐头瓶内姜片或姜丝的上限位置，从而使罐头瓶内形成贮姜区（7）和姜汁液封区（10）（见图5－3－1）。

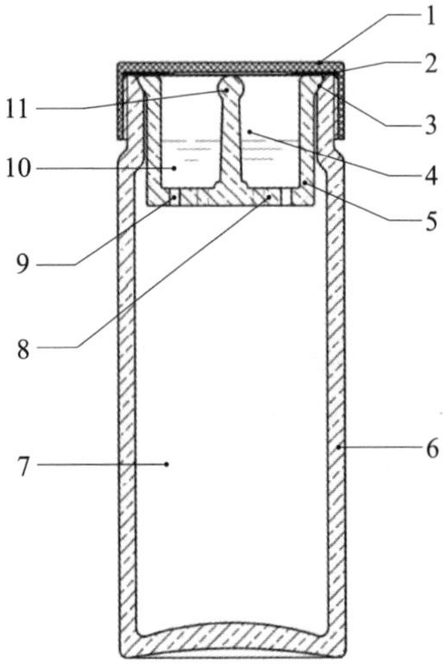

图5－3－1

对比文件1公开了一种不接触空气的腌制罐，并具体公开了以下技术特征：包括罐体4、罐盖2、内塞1（相当于保鲜塞），罐体4的顶部有罐口，罐口为圆口结构，罐口的外壁上有与罐盖2配合的螺纹；内塞1为圆柱体结构，其内有凹槽，内塞1的下面装有网格3（相当于压滤盖，且其上设置有过滤孔），凹槽沿口外围的凸缘结构与罐口顶壁相配合，内塞1由罐口伸入腌制罐内，凹槽沿口外围的凸缘结构放置在罐口的顶壁上，网格3为圆盘形状，直径略小于罐口直径，其中心以一根支杆连接在内塞1的底部，网格3和内塞1底部具有一定空间，腌制时，盐水6没过网格3，由于网格3的阻挡作用，咸菜5浮起后最多位于罐口的中下部位置，仍然浸没在盐水中，不会接触到空气，防止了变质（相当于使压滤盖定位在罐头瓶内物料的上限位置，从而使罐头瓶内形成贮存区和液封区）（见图5－3－2）。

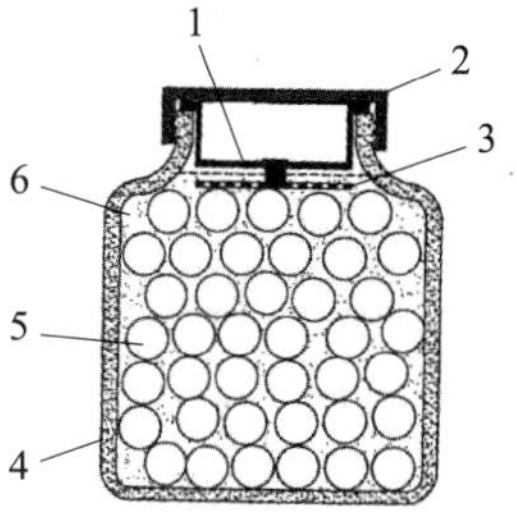

图5-3-2

对比文件2公开了一种组合式茶罐，并具体公开了以下技术特征：罐体3的上部罐口处装一封口塞2，该封口塞内有凹槽，凹槽的底中心设一柱形提把21（相当于凸起的起塞柄），方便手提（见图5-3-3）。

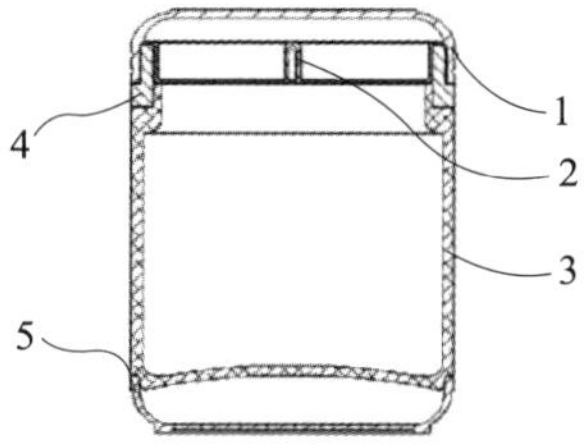

图5-3-3

权利要求1请求保护一种糖醋生姜专用罐头瓶，其请求保护的技术方案与对比文件1相比，区别是：（1）腌制罐为糖醋生姜专用罐头瓶，压滤盖是定位在罐头瓶内姜片或姜丝的上限位置，形成贮姜区和姜汁液封区；（2）凹槽的底构成压滤盖；（3）凹槽的底中心有凸起的起塞柄；（4）瓶口的圆口内环壁呈喇叭口结构，凹槽沿口的外围为喇叭口结构，凹槽沿口外围的喇叭口结构与瓶口内环壁的喇叭口尺寸相配合，凹槽沿口外围的喇叭口结构放置在瓶口的喇叭口结构中。

驳回决定中指出，基于上述区别（1），可以确定该申请实际解决的技术问题是：如何使罐头瓶适用于腌制糖醋生姜，对比文件1中公开了一种腌制品的腌制罐，并公开了腌制品具有上浮露出液面引起变质的问题，而糖醋生姜是一种常见的腌制品，与其他腌制品具有类似的技术问题，面对糖醋生姜的存放，本领域技术人员容易想到采用对比文件 1 中公开的结构，进而使得压滤盖定位在罐头瓶内姜片或姜丝的上限位置，并形成贮姜区 7 和姜汁液封区 10。

基于上述区别（2），可以确定该申请实际解决的技术问题是：如何设置压滤盖。对比文件 1 中公开了凹槽下部连接有压滤盖，进一步的将凹槽底部直接构成为压滤盖也是本领域技术人员在对比文件 1 给出的启示下的简单改型。

基于上述区别（3），可以确定该申请实际解决的技术问题是：如何方便取出塞子，对比文件 2（CN201424228Y）公开了一种组合式茶罐，并具体公开了：罐体 3 的上部罐口处装一封口塞 2，该封口塞内有凹槽，凹槽的底中心设一柱形提把 21（相当于凸起的起塞柄 11），方便手提（参见对比文件 2 说明书第 3 页倒数第 3 段，附图 1，附图 6）。由此可见，上述区别技术特征已在该对比文件中公开，且其在该对比文件中的作用与其在该发明专利申请中的作用相同，都是便于取出塞子，即该对比文件 2 给出了将该技术特征应用于对比文件 1 以解决其技术问题的启示。

基于上述区别（4），可以确定本申请实际解决的技术问题是：如何实现保鲜塞的易于取出和良好的密封。本领域技术人员熟知瓶口与塞之间采用斜面接触更便于取出和密封，例如，常见的烧瓶和其密封所用的塞子，很多都采用的是斜面结构，本领域技术人员为实现保鲜塞的易于取出和良好的密封，容易想到采用上述斜面结构，即申请人所声称的喇叭口结构，至于喇叭口结构具体布置在瓶口的圆口的内环壁以及布置在凹槽的沿口的外围则是本领域技术人员根据实际需要的常规选择，同时，对比文件 1 中公开了内有凹槽的塞子放置在瓶口内，在设置有喇叭口结构的基础上，使凹槽沿口外围的喇叭口结构放置在瓶口内环壁的喇叭口结构中并使其尺寸相配合也是本领域技术人员的常规手段。

在对比文件 1 的基础上结合对比文件 2 以及上述公知常识，得出权利要求 1 所要求保护的技术方案对本领域的技术人员来说是显而易见的，不需要任何创造性劳动。因此，该权利要求不具备突出的实质性特点，因而不具备《专利法》第22条第3款规定的创造性。

该案经复审后直接撤销驳回。

【案例解析】在判断权利要求的创造性时，应该从权利要求的技术方案整体上考虑，不能简单地将权利要求中的多个区别技术特征割裂开来，然后根据每个区别技术特征分别确定发明实际所要解决的技术问题，而是要考虑这些特征之间的作用是否相互关联且相辅相成，如果这些区别技术特征未被其他对比文件所公开，也不属于所属技术领域的公知常识，并且能给该权利要求的技术方案带来有益的技术效果，则该权利要求请求保护的技术方案相对于对比文件具备创造性。

对于上述区别技术特征（2）、（4），对比文件1公开的网格（相当于压滤盖）的中心以一根支杆连接在内塞底部，未公开凹槽的底构成压滤盖；对比文件1的内塞通过凹槽沿口外围的凸缘结构与瓶口顶壁相配合，未公开区别技术特征（4）的喇叭口结构。对比文件2公开的组合式茶罐不涉及压滤盖，封口塞与罐体也不是通过喇叭口结构进行配合。综上可知，区别技术特征（2）、（4）未被对比文件1、2公开。

上述区别技术特征（2）、（4）在权利要求1中所起的作用是相互关联且相辅相成的，由于糖醋生姜更容易变质，这就要求更有效的密封保鲜措施，该申请通过在瓶口的圆口内环壁以及凹槽沿口外围设置喇叭口结构，提高了罐头瓶的密封保鲜效果；然而，该更佳的密封效果使得内塞在起出过程中瓶内容易产生负压，从而在空气阻力和糖醋黏滞力双重作用下使得内塞在起出时受到较大阻碍而不易起出，该申请通过保证罐头瓶有良好密封保鲜效果的同时，采用由凹槽的底构成压滤盖解决了上述良好密封带来的负压问题，因为在实际使用时，瓶外空气会通过凹槽底部（即压滤盖）的过滤孔很快进入瓶内，使得瓶内不会产生负压，从而保证保鲜塞在起出时没有空气阻力，进而在减小了阻碍力后可以顺利取出。也就是说，不能简单将上述区别技术特征（2）、（4）割裂开来进行分析评述，而应该将其作为整体进行判断。因此，上述区别技术特征

(2)、(4) 解决了糖醋生姜在普通的腌制瓶中容易变质从而更有效地密封保鲜，以及糖醋汁液黏滞性更大从而在保鲜塞起出时需要克服空气阻力和黏滞阻力双重阻力及良好的密封性导致的负压而难于起出的技术问题，且为该申请带来了有益效果：使罐头瓶更利于腌制糖醋生姜并且使用方便，尤其是便于保鲜塞的起出。

综上所述，对比文件1、2均未公开上述区别技术特征（2)、(4)；同时也没有证据表明上述区别技术特征属于本领域的公知常识；而且，上述区别技术特征给该申请权利要求1的技术方案带来了有益的技术效果，即使罐头瓶更利于腌制糖醋生姜并且使用方便，尤其是便于保鲜塞的起出。因此，该申请权利要求1相对于对比文件1、2及公知常识的结合具有突出的实质性特点和显著的进步，符合《专利法》第22条第3款有关创造性的规定。

通过上述案例，可以知道，如果不能正确地根据多个区别技术特征确定技术问题，则容易陷入创造性判断的误区，即人为地割裂特征，认为单个的特征容易想到，得出整个技术方案容易想到，从而不具有创造性。然而根据上述案例分析，在面对多个区别技术特征如何确定技术问题时，我们需要考虑各个区别技术特征之间是否相互关联、相互作用，如在机械领域的产品权利要求中，重点考虑各个部件或结构之间是否存在相互连接和配合关系，在加工、使用方法类权利要求中，重点考虑各个步骤之间的顺序关系等，如果这些区别技术特征之间相互关联相互作用，则应将这些特征作为一个整体的区别技术特征，由此从整体上确定要解决的技术问题，如果不是，则可以分别确定所要解决的技术问题。

5.7 “问题型”发明的考虑

从发明实际完成的过程来看，通常有如下三个步骤：第一步，发明人意识到某现有技术在某一方面存在的缺陷（现象)；第二步，分析产生该缺陷的技术方面的原因；第三步，基于该原因分析寻找解决该缺陷的技术手段。对该申请而言，判断创造性的关键在于对该申请实际解决的技术问题的正确认识。这是因为，如果本领域的技术人员在现有技术，特别是在最接近的对比文件的基础上不能认识到上述实际要解决的技术问题的存在，或者说上述技术问题超出本领域技术人员的能力或水平的话，本领域技术人员就很难有动机或者说不可能以上述技术问题为指导去改进或寻找相应的技术启示进而提出该申请要求保护的方案，即在上述现有技术的基础上，在本领域技术人员的水平和能力的范围内能否认识到上述技术问题的存在，是判断该申请创造性的前提和关键。

因此，新的构思或尚未认识到的技术问题，可以作为发明的出发点，一般认为认识发明所要解决的技术问题已经超出了本领域技术人员的能力或水平，但问题一经提出，其解决手段是显而易见的，此时，发明与现有技术相比是非显而易见的，该类发明被称为“问题型”发明。

【案例5-4】废气处理方法

如果本领域的技术人员在现有技术，特别是在最接近的对比文件的基础上不能认识到上述实际要解决的技术问题的存在，或者说上述技术问题超出本领域技术人员的能力或水平的话，本领域技术人员就很难有动机或者说不可能以上述技术问题为指导去改进或寻找相应的技术启示进而提出该申请要求保护的方案。

【案例简介】该案例涉及一种废气处理方法，目的是将来自半导体制造装置的废气进行去除，现有的废气处理装置如图5-4-1所示。

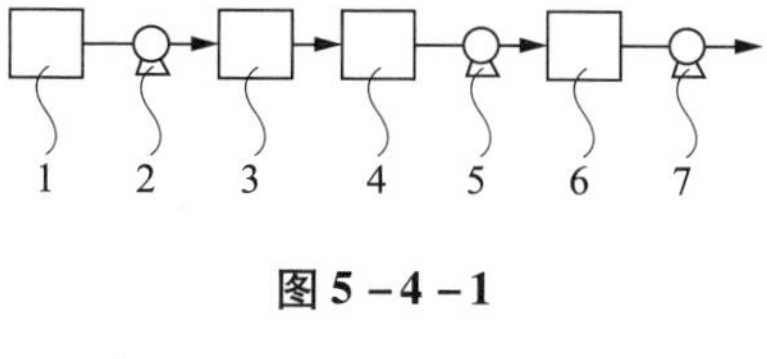

图5-4-1

来自于半导体制造装置1的废气通过真空泵2送到燃烧式除害装置3。燃烧式除害装置3是将所述废气送到由空气燃烧器、氧燃烧器等燃烧器形成的火焰中，将废气中的上述有害成分氧化、分解的装置。在燃烧式除害装置 3 中，废气中所含有的 SiH_4 变为 SiO_2 和 H_2O，废气中所含有的 NF_3变为 HF 和 NO_X，SiF_4 变为 SiO_2 和 HF。因此，从燃烧式除害装置 3 排出的废气，作为除去对象物质包含 SiO_2 和 HF。该废气接着被送到袋式过滤器等集尘装置 4 中，作为固体粒子的 SiO_2 被捕集下来。在集尘装置 4 捕集 SiO_2 时，固体粒子的 SiO_2 被捕集在过滤器表面，并随着废气的流入而堆积起来。由于在废气中含有 HF，因此该 HF 的一部分与 SiO_2 反应，再次生成少量的 SiF_4。从来自集尘装置 4 的含有 HF 和 SiF_4 的废气，通过鼓风机 5 吸引后送到气体洗净装置 6。该气体洗净装置 6 也称作湿式洗涤器，是使将氢氧化钠水溶液等液碱性洗净液与废气进行气液接触，除去酸性气体的 HF 和 SiF_4 的装置。该气体洗净装置 6 可以根据需要做成两段结构以提高去除。确认从气体洗净装置 6 排出的废气的有害成分在规定值以下，经鼓风机 7 排放到大气中。然而，像这样的处理方法，在气体洗净装置 6 中，废气中的 SiF_4 加水分解后生成 SiO_2 和 HF，HF 与碱性洗净液的钠反应变为 NaF。由于 SiO_2 和 NaF 为固体物，所以存在它们附着、堆积在气体洗净装置 6 内部的填充材、湿气分离器或洗净液循环泵内，由此成为气体洗净装置 6 的堵塞原因、泵故障原因的不良问题。

因此，在以往的装置中，必须将气体洗净装置 6 主体或循环泵频繁地分解清扫。

该申请的目的在于，在将来自半导体制造装置的废气依次送入燃烧式除害装置、集尘装置、气体洗净装置进行处理时，防止在气体洗净装置的内部吸附、堆积固体物，不发生堵塞气体洗净装置等的不良问题。其中气体洗净装置具体采用由洗净液为水的第一段气体洗净装置和洗净液为碱性水溶液的第二段气体洗净装置的两段结构构成。

该申请独立权利要求 1 如下：

1. 一种废气处理方法，是将来自半导体制造装置的废气导入燃烧式除害装置，接着将含有的 SiO_2 和 HF 的废气送到集尘装置，进而将含有 HF 和在集尘装置中生成的 SiF_4 废气送入两段结构的气体洗净装置的处理方法，所述两段结构的气体洗净装置由第一段气体洗净装置和第二段气体洗净装置构成，在第一段气体洗净装置中，以水作为洗净液进行气体洗净，由此水解 SiF_4 并使水解物 SiO_2 溶解到含有氢氟酸且 pH 为 1 以下的强酸性的洗净液中而除去，接着，在第二段气体洗净装置中，以碱性水溶液作为洗净液进行气体洗净，由此除去 HF。

该申请的装置对应附图如图 5－4－2 所示。

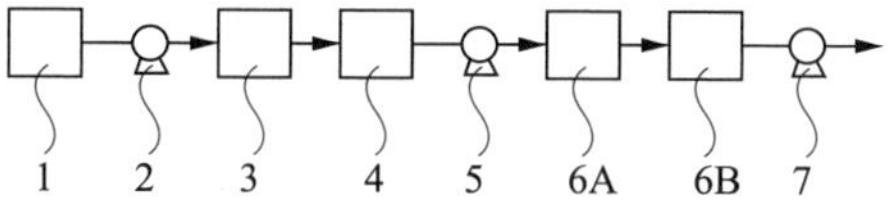

图 5－4－2

经检索，对比文件 1（JP 特开 2003－21315A）公开了一种排气的净化方法，并具体公开了以下技术内容（参见说明书 0013～0034 段，图 1）：是将在半导体的制造工序或装置中产生的含有 Si 成分的排气导入燃烧处理处理机构 4，燃烧排气除 SiO_2 外，还包含氟气等燃烧气体；接着，燃烧排气被导入除尘装置 14 进行除尘工序；通过除尘装置实施除尘后的气体导入洗涤机构 44（相当于气体洗净装置）中，实施洗涤程序，洗涤介质可以是纯水，同时可供给氢氧化钠等碱的水溶液。

权利要求 1 所要求保护的技术方案与对比文件 1 相比，其区别技术特征在于：经过集尘装置后的废气除了 HF 外，还在集尘装置中生成了 SiF_4；气体洗净装置为两段结构，其由第一段气体洗净装置和第二段气体洗净装置构成，在第一段气体洗净装置中，以水作为洗净液进行气体洗净，由此水解 SiF_4 并使水解物 SiO_2 溶解到含有氢氟酸且 pH 为 1 以下的强酸性的洗净液中而除去，接着，在第二段气体洗净装置中，以碱性水溶液作为洗净液进行气体洗净，由此除去 HF。

基于上述区别技术特征，可以确定权利要求 1 实际解决的技术问题是：防止源自在集尘装置中生成的 SiF_4 的 SiO_2 等在气体洗净装置中产生和堆积。

有观点认为：对比文件 1 公开了一种处理半导体制造废气的净化方

法，SiF_4、SiO_2、HF 都是废气中的主要成分，当使用除尘机构（相当于集尘装置）除去所述导入的燃烧排气的含有 Si 的粉尘时，SiO_2 必然会与 HF 反应产生一定量的 SiF_4。而在废气洗涤过程中，SiF_4 废气会水解为 HF 和 SiO_2，SiO_2 不溶于水性洗液，但由于 HF 的存在，其溶解于水性洗液中可以得到强酸性洗液；另外，对于 pH 的具体限定，本领域技术人员可以作出常规调整。因此认为权利要求 1 不具备创造性。

【案例解析】就该申请而言，该申请与对比文件 1 实际解决的技术问题不同：该申请具体要解决的技术问题是，防止源自在集尘装置中生成的 SiF_4、SiO_2等在气体洗净装置中产生和堆积；而对比文件 1 所要解决的技术问题在于，将从半导体成膜装置产生的废气依次送到燃烧式除害部件和洗净式集尘部件（洗气塔）并进行处理时，防止在洗净式集尘部件中生成析出物（$CaSiF_6$）而引起堵塞（参见说明书第 0005 段）。对比文件 1 是着眼于解决在洗净式集尘部件中生成析出物（$CaSiF_6$）的技术问题，从而提出了通过使用具有规定硬度的水的技术手段来达到这一目的，并未提到在集尘装置中的一部分废气 HF 与 SiO_2 反应再次生产少量的 SiF_4 气体；且依据对比文件 1 公开的内容，本领域的技术人员很难意识到是由于集尘装置中的废气 HF 与累积在集尘过滤器表面的 SiO_2 反应再次生产少量的 SiF_4 气体，导致在气体洗净装置生成 SiO_2 等造成堆积堵塞。因而，对比文件 1 中不存在能够认定集尘装置中生成 SiF_4 为本领域的普通技术知识的根据，并且本领域技术人员从对比文件 1 中公开的内容难以认识到集尘装置中生成 SiF_4 以及所生成的 SiF_4 引起堆积的技术问题，进而对其进行改进，即设置两段结构的气体洗净装置。

综上所述，由于对该申请实际所要解决的技术问题的认识已经超出了本领域技术人员的能力或水平，而且从申请说明书记载的内容来看，权利要求 1 要求保护的技术方案产生了预期的技术效果，降低了气体洗净装置的分解清扫频率（参见说明书第 0044、0045 段），也就是说，依据目前的证据难以得出权利要求 1 相对于对比文件 1 以及本领域的普通技术知识的结合是显而易见的结论。

第 6 章

技术启示的认定

技术启示是判断要求保护的发明对所属领域技术人员来说是否显而易见的依据和关键，同时也是“三步法”的核心。技术启示与显而易见性之间的关系是什么呢？一方面，根据技术启示的规定，如果现有技术存在这种技术启示，则发明是显而易见的，不具有突出的实质性特点。可见，存在技术启示是显而易见性的充分条件。另一方面，如果发明具有突出的实质性特点，则发明是非显而易见的，则不能认为现有技术存在技术启示。

在创造性判断的“三步法”中，前两步相对具有较强的客观性，而对于第三步的显而易见性判断，则更多地充满主观性和不确定性。有时，即使是面对同样的现有技术，不同的审查员也可能得出截然相反的结论。

《专利审查指南 2010》第二部分第四章第 3. 2. 1. 1 节规定：在判断显而易见性的过程中，要确定的是现有技术整体上是否存在某种技术启示，即现有技术中是否给出将上述区别技术特征应用到该最接近的现有技术以解决其存在的技术问题（即发明实际解决的技术问题）的启示，这种启示会使所属领域的技术人员在面对所述技术问题时，有动机改进该最接近的现有技术并获得要求保护的发明。

当存在下述情况时，通常认为现有技术中存在技术启示：

（1）所述区别技术特征为公知常识，例如，所属领域中解决该重新确定的技术问题的惯用手段，或教科书或者工具书等中披露的解决该重新确定的技术问题的技术手段。

（2）所述区别技术特征为与最接近的现有技术相关的技术手段，例如，同一份对比文件其他部分披露的技术手段，该技术手段在该其他部分所起的作用与该区别技术特征在要求保护的发明中为解决该重新确定的技术问题所起的作用相同。

（3）所述区别技术特征为另一份对比文件中披露的相关技术手段，该技术手段在该对比文件中所起的作用与该区别技术特征在要求保护的发明中为解决该重新确定的技术问题所起的作用相同。

根据技术启示的规定，“整体性原则”“最接近的现有技术”“技术问题”“改进动机”与技术启示之间存在密切的联系，是判断现有技术是否存在技术启示的重要因素。但是，审查指南没有对其详细论述，由此导致在审查实务中，对“整体性原则”“最接近的现有技术”“技术问题”“改进动机”与“技术启示”之间的关系存在多种理解和不同操作方式的情形，因此有必要对影响技术启示的因素作进一步说明。

6.1 整体性原则的影响

整体性原则是判断创造性的重要原则。《专利审查指南 2010》第二部分第四章第 3.1 节规定了该原则：在评价发明是否具备创造性时，审查员不仅要考虑发明的技术方案本身，还要考虑发明所属技术领域、所解决的技术问题和所产生的技术效果，将发明作为一个整体看待。根据这一原则，应当注意以下方面：

（1）考虑要求保护的技术方案的整体内容。不仅要考虑技术方案本身，还要考虑发明所属的技术领域、解决的技术问题和产生的技术效果，将发明内容作为一个整体看待。也就是说，要关注各个技术特征之间的技术联系，从整体上理解要求保护的技术方案，避免割裂技术特征之间的技术联系、孤立地看待每个技术特征。尤其要注意，在确定发明相对于现有技术的区别技术特征时，所要考虑的问题不是区别技术特征本身是否显而易见，而是要求保护的发明在整体上是否显而易见。例如，在一项组合发明的权利要求中，每个技术特征分别都是已知的或显而易见的，但不能因此认为整个发明就一定是显而易见的。

（2）考虑对比文件的整体内容。即不仅要考虑对比文件所公开的技术方案，还要注意对比文件所属的技术领域、解决的技术问题、所达到的技术效果，以及现有技术对技术方案在功能、原理、各技术特征在选择、改进、变型等方面的描述，以便从整体上理解现有技术所给出的教导。需要注意的是，在对现有技术的对比文件进行分析后，要得出“现有技术给出了将区别技术特征应用到最接近的现有技术以解决其存在的技术问题的启示”的结论，不能仅仅考虑技术方案本身，还要判断所述区别技术特征在对比文件中是否解决了技术问题。

（3）考虑现有技术的整体内容。不仅要考虑一篇或若干篇引用的对比文件的整体内容，还要将所属领域技术人员掌握的所有现有技术作为一个整体，综合考虑现有技术中对解决发明所要解决的技术问题给出的正反两方面的教导。

综上所述，从整体上理解发明、对比文件的技术方案以及现有技术的整体水平，对于发明的创造性判断具有重要的意义。由于在创造性判断过程中，通常需要将权利要求与对比文件中的特征进行一一对比，因此，如果在对比特征时不注意各个特征之间的技术联系，未从整体上理解权利要求所要求保护的技术方案，而割裂了技术特征之间的技术联系，则会对区别技术特征的认定、实际解决技术问题的认定带来不利影响。

【案例6－1】保健固齿牙擦

当在割裂技术特征团或割裂技术方案与技术问题的情况下，前期的事实认定实际上出现了错误，这时即便割裂后的特征单元能够在现有技术中找到并似乎具有相同的基本功能，但由于该技术特征团在该申请的技术方案中是作为相互联系具有功能关系的整体出现的，该技术特征团具有相应的整体功能和作用，并且其必然与技术问题密切联系，其与对比文件中的各特征单元的作用的总和并不能等同。

【案例简介】该申请涉及一种保健固齿牙擦，包括擦柄，在擦柄的前部有一软质擦体，擦体的表面为锯齿状波浪表面。为了方便牙膏置于擦体上，在擦体的表面中部开有放置牙膏的凹槽。其权利要求1如下：

1. 一种保健固齿牙擦，包括擦柄，其特征在于，在擦柄的前部有一软质擦体，擦体的表面为锯齿状波浪表面，擦体的表面中部开有放置牙膏的凹槽。该凹槽为在擦体内的凹槽，四周有壁（见图6－1－1）。

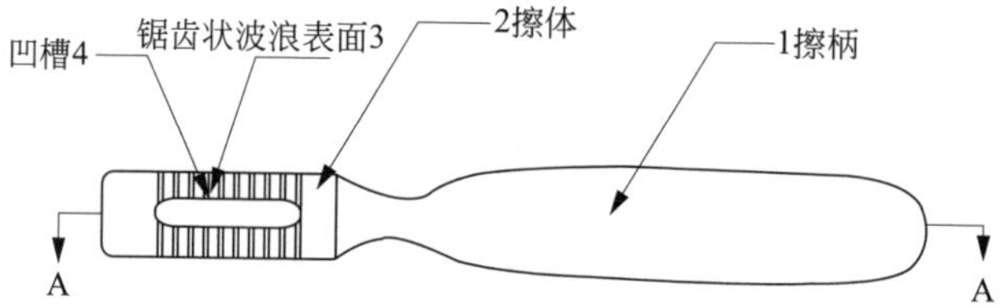

图6－1－1

对比文件1公开了一种牙刷，其包括刷柄，在刷柄的前端具有软且有弹性的高密度海绵（相当于该申请权利要求1中的软质擦体），并且海绵的表面有搓板型的波纹（相当于该申请权利要求1中擦体的表面为锯齿状波浪表面）。该申请相对于最接近的对比文件1的区别在于：“擦体的表面中部开有放置牙膏的凹槽，该凹槽为擦体内的凹槽，四周有壁”，该区别技术特征所解决的问题是如何方便地将牙膏置于擦体上。

对比文件2公开了一种牙齿清洁器，其与对比文件1和该申请同属于牙齿清洁领域。对比文件2中公开的牙齿清洁器包括一菱形横截面的弹性元件，它具有两个倾斜的上表面支持着向上竖立的刷毛，两个倾斜的下表面支持着向下竖立的刷毛；并且将向上立的刷毛和向下竖的刷毛的长度选择成使刷毛的顶端，在弹性元件的上部形成一个凹槽，而在弹性元件的下部形成一个反向凹槽；所形成的凹槽具有一个基本平坦的底面和两个倾斜的侧面；这种刷毛以一种辅助净牙材料的形式涂上一种感觉舒适的清洁牙齿的介质，这种介质可相当于牙膏的作用。使用时，将该清洁器置于上下牙齿之间，上牙处于上凹槽中，下牙处于反向凹槽中，通过上下牙齿咬合，由刷毛来清洁牙齿。

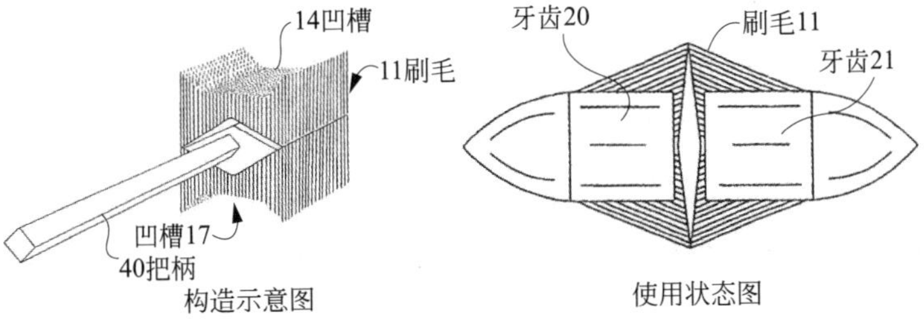

图 6－1－2

从图 6－1－2 中可见，似乎对比文件 2 也公开了擦体上设置凹槽这一区别技术特征，同时对比文件 2 中的凹槽客观上也用于了容纳牙膏，那么是否可以认为对比文件 2 中的凹槽相应于该申请中的凹槽呢?

【案例解析】由上述对比文件 2 公开的内容可知，对比文件 2 中牙齿清洁器的凹槽并非是形成于刷毛内的封闭凹槽，而是两侧高于底部，前后畅通的开放式凹槽，与该申请权利要求 1 中限定的四周有壁的擦体内凹槽结构不同。因此，第一，对比文件 2 并没有公开该区别技术特征。第二，对比文件 2 中凹槽的作用是容置牙齿而不是放置牙膏，以便在牙齿咬合的压力作用下使刷毛更加贴合牙齿，从而能对牙齿壁部进行清洁，由此可见对比文件 2 中公开的凹槽与该申请权利要求 1 中的凹槽作用也不相同。第三，尽管对比文件 2 公开了刷毛上可以涂相当于牙膏的物质，但这在通常的不具备凹槽的牙刷上涂有牙膏进行刷牙并无差异，而与刷毛上形成的凹槽并没有关系，即是否具有凹槽与刷毛上是否涂牙膏并无关系，不能认定该凹槽对该申请中擦体上设置凹槽来放置牙膏有所启示。该区别技术特征本身不同，区别技术特征所起的作用也不同，因此对比文件 1 和对比文件 2 不具备结合的技术启示。

但是，如果在进行特征分解时，错误地将“擦体的表面中部开有放置牙膏的凹槽，该凹槽为擦体内的凹槽”和“四周有壁”割裂开进行考虑，忽视它们之间的关联性就可能得到相反的结论。例如，如果认为权利要求1与对比文件1的区别在于：（1）擦体的表面中部开有放置牙膏的凹槽，该凹槽为擦体内的凹槽；（2）凹槽四周有壁。那么会认为对比文件2公开了区别技术特征（1），而对于区别技术特征（2），凹槽四周有壁属于所属领域的公知常识，因此认为对比文件1结合对比文件2和公知常识能够得到权利要求1的技术方案，因此权利要求1不具备创造性。

因此，在进行技术特征分解时，不能将有关联的特征割裂，上述特征单元“擦体的表面中部开有放置牙膏的凹槽，该凹槽为擦体内的凹槽”和“四周有壁”是具有相互关联的技术特征，它们共同实现了对牙膏的存放，如果割裂开考虑，将会得到错误的审查结论。因此，客观准确地分析技术特征之间的关系以及它们与技术问题之间的关系，是判断是否具有技术启示的根本。

【案例6－2】一种电磁水泵的组合式保持架装置

若所要求保护的技术方案相对于最接近的现有技术存在多个区别技术特征，而这些区别技术特征构成一个整体的技术构思，共同解决一个技术问题，此时需要将这些区别技术特征作为一个整体来看，并据此确定实际解决的技术问题；在下一步的“技术启示”判断也应以此为基础，而不应该将它们分开来考虑。

【案例简介】该申请涉及一种电磁水泵的组合式保持架装置，现有的电磁泵的保持架为整体框架结构，装配时，需要在保持架的两端各安装一个磁轭圈，在两磁轭圈之间套有非导磁材料制成的隔离衬套，磁轭圈套在容纳电磁水泵活塞组件的圆柱管上，电磁线圈套在磁轭圈上。这种传统结构的保持架装置零件多，安装较麻烦，且由于保持架为整体框架结构，为了安装磁轭圈和电磁线圈，必须将保持架体积做得较大，这样不利于将电磁水泵整体体积做得更为简洁小巧。为了解决现有技术中存在的上述问题达到保持架安装方便和结构小巧的目的，所采用的技术手段就是将套管与相应的框板一体成型，将框形保持架分为卡接的两部分，装配时，先将电磁线圈套在左套管和右套管上，然后将左L形框板的左套管和右L形框板的右套管套接在容纳电磁水泵活塞组件的圆柱管的外圆周面上，最后再将左L形框板和右L形框板卡接成框架结构，形成保持架，从而实现了安装方便和结构小巧的目的（见图6-2-1）。

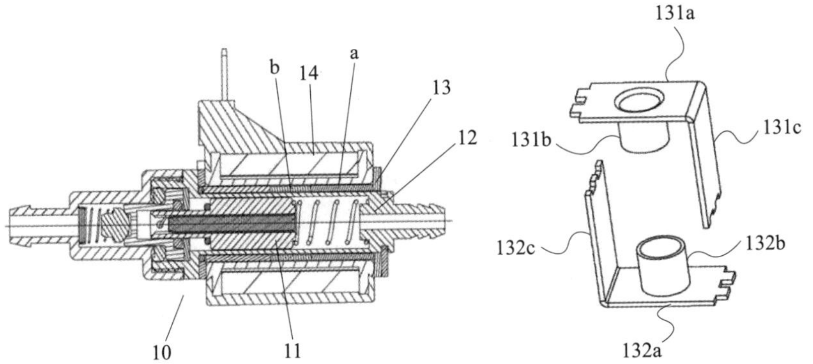

图6-2-1

权利要求1如下：

1. 一种电磁水泵的组合式保持架装置，包括有容纳电磁水泵10活塞组件11的圆柱管12，在所述圆柱管12外侧设有框形保持架13和电磁线圈14，其特征在于：该框形保持架13由左L形框板131和右L形框板132卡接而成，在左L形框板的左侧板131a上冲压一体成型有左套管131b，在右L形框板132的右侧板132a上冲压一体成型有右套管132b，左L形框板和右L形框板卡接后左套管和右套管具有间隙，装配后，左套管和右套管套接在所述电磁水泵圆柱管外圆周表面，电磁线圈套接在左套管和右套管上。

对比文件1公开了一种电磁泵，并具体公开了：电磁泵由线圈支架2、电磁线圈5、塑料出液管7、塑料进液管15及阀柱9构成，插头与电磁线圈5塑封成整体固定在线圈支架2内，其中间为圆形通孔，两个铁圈3和一塑料圈4设置于该通孔内，进液管15与出液管7通过塑料连接支架21固定连接在一起，进液管15插入上述圆形通孔中，塑料连接支架21通过螺丝23固定连接在线圈支架2的下侧，塑料连接支架21、线圈支架2之间设置有橡胶密封圈6，阀柱9置于出液管7内腔中，其上端与一压力弹簧 8 连接，其下端依次连接 O 型垫圈 10、橡胶垫圈 11、弹簧 12、压力弹簧 13、垫圈 14、橡胶头 16、锥形弹簧 17、异型圈 18、密封圈 19、O 型圈 20，进液管 15 与出液管 7 端部各设有一塑料盖 22（见图 6－2－2）。

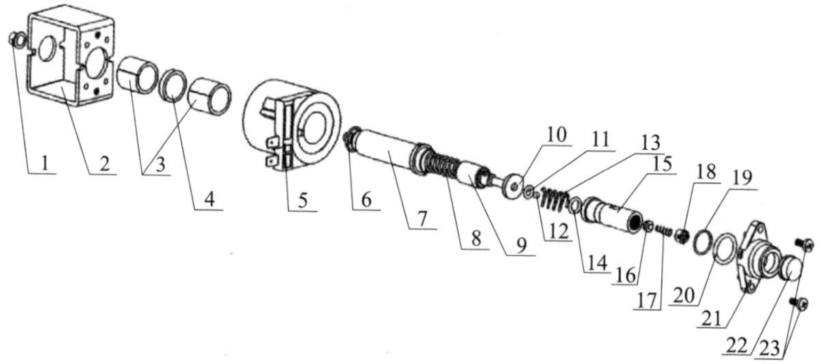

图 6－2－2

对比文件 2 公开了一种电磁阀，并具体公开了：电磁阀主要由不锈钢软磁铁静铁心 1、尼龙出水连接管 21、动铁心 16、线圈 17、线圈支架 18、塑封壳 7、保持架 4 组成，其连接关系是：尼龙出水连接管 21 连接不锈钢软磁铁静铁心 1，进水连接管连接动铁心 16，静铁心 1 对应动铁心 16，动铁心 16 内设有弹簧 B 和密封件 A、密封件 B，静铁心 1 和动铁心 16 外套装有铜管 8，铜管 8 外套装有线圈支架 18，线圈支架 18 固定在保持架 4 上，线圈支架 18 内是线圈。对比文件 2 中的保持架 4 对应于该申请中的框形保持架，而且保持架是由两块 L 形框板卡接而成的（见图 6－2－3）。

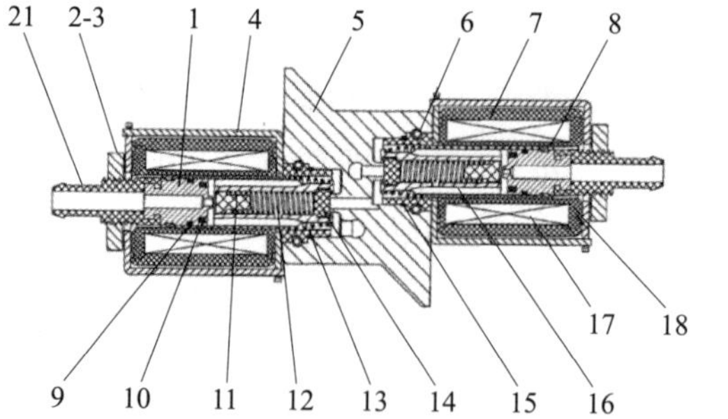

图 6－2－3

观点一认为：该申请权利要求1与对比文件1的区别在于：①该框形保持架由左L形框板和右L形框板卡接而成；②在左L形框板的左侧板上冲压一体成型有左套管，在右L形框板的右侧板上冲压一体成型有右套管。而区别特征①被对比文件2公开，区别特征②属于本领域的公知常识。因此该申请权利要求1相对于对比文件1与对比文件2和公知常识的结合不具备创造性。

观点二认为：区别技术特征①、②是密切相关的技术内容，其共同解决了该申请所要解决的“安装较麻烦和结构不够小巧”的技术问题，不能将其拆分，该申请的权利要求1具备创造性。

【案例解析】基于上述保持架装置的特定结构可知，由于整体框架结构与圆柱管之间存在结构上的制约关系，在将圆柱管穿过整体框架结构之前，必须先将两磁轭圈和隔离衬套放入电磁线圈，再将它们一起放进整体框架结构，最后才能穿设圆柱管。现有技术中存在的“安装较麻烦和结构不够小巧”的技术问题主要是由零件多和现有的保持架装置的结构设置所导致的。

该申请为了解决现有技术中存在的上述问题达到保持架安装方便和结构小巧的目的，所采用的技术手段就是将套管与相应的框板一体成型，将框形保持架分为卡接的两部分，装配时，先将电磁线圈套在左套管和右套管上，然后将左L形框板的左套管和右L形框板的右套管套接在容纳电磁水泵活塞组件的圆柱管的外圆周面上，最后再将左L形框板和右L形框板卡接成框架结构，形成保持架，从而实现了安装方便和结构小巧的目的。套管与相应的框板一体成型后，安装后两套管之间就可以自然形成间隙，而无需像对比文件1中那样需要使用塑料圈来将二者隔开，从而省略了用于将两磁轭圈隔离开来的衬套，进一步减少零件数量，使得安装更加方便。解决上述“安装较麻烦和结构不够小巧”的技术问题的技术思路是将整体的框形保持架拆成两部分并将拆成两部分的框形保持架与其邻近的套圈一体成型，不仅由于省略了衬套而简化了安装过程和结构，也由于结构上的改造而方便了安装。

基于该申请的上述发明构思可知，套管与框板一体成型和框形保持架分为卡接的两部分属于一个整体的技术构思，两者共同解决了使保持架安装方便、结构小巧的技术问题。因此，上述全部区别特征对于所要解决的技术问题“安装较麻烦和结构不够小巧”而言是不可分割的。

对比文件 2 试图改进的背景技术是传统电磁阀的出水连接管和静铁心为导磁铁，因此存在价格昂贵，加工难度大，工艺复杂，散热快的技术问题。其改进的技术手段是采用不锈钢软磁铁加工静铁芯，再用尼龙或其他塑料与静铁芯注塑成型为一体的出水连接管，从而减少金属件加工的难度，优化工艺，提高了精度，降低了成本；减少了高温流体与金属的接触面积和时间，有利于保持流体的温度。对比文件 2 的文字部分没有关于框形保持架的任何文字记载。从对比文件 2 附图 1 所示的剖视图可以看出用于保持电磁线圈的框形保持架分为左右 L 形两部分，其电磁线圈直接抵靠在一体成型的静铁芯和尼龙出水管上，图中并未示出与框架一体成型的用于保持电磁线圈的套圈或磁轭圈。如上面所分析的，上述区别技术特征中“套管与框板一体成型”和“框形保持架分为卡接的两部分”这两个部分属于一个整体的技术构思，共同解决该申请所要解决的技术问题，而对比文件 2 中虽然图示了卡接形式的框形保持架，但在其附图中并未示出套圈或磁轭圈，而基于本领域技术人员的一般认知，将整体式框架拆分为两个分别进行加工会使得框架的加工较为简单，但将一个整体部件拆分为两个分体式部件时，会使得部件数量增加，不一定有利于安装的简化。因此，对比文件 2 与该申请的技术构思并不相同，本领域技术人员基于对比文件 1 公开的内容，在面对“如何使保持架安装方便结构小巧”的技术问题时，不会从对比文件 2 中得到启示将对比文件 1 中的整体式线圈支架（即框形保持架）拆分为卡接的两部分并在此基础上进一步将铁圈与线圈支架设置成一体成型。所以，对比文件 2 并未给出将上述区别技术特征应用于对比文件 1 以解决上述技术问题的启示。

综上可知，基于一项权利要求所要求保护的技术方案与最接近的现有技术的区别技术特征来确定专利实际所要解决的技术问题时，应当站位于本领域技术人员的角度，通过对发明构思的整体把握作以综合考量，也即应当在透彻理解技术问题的产生原因的基础上，整体把握专利权人解决技术问题的技术思路，并结合对于技术效果的客观分析来确定该专利实际所要解决的技术问题。

6.2 判断主体的影响

判断技术启示的主体，是所属领域的技术人员。根据我国《专利法》的规定，所属领域技术人员不具有创造能力，这导致所属领域技术人员在改进最接近的现有技术的过程中，没有且无法发挥具有创造性的主观能动性。也就是说，只有当现有技术明示或暗示出某种技术启示，在上述启示的教导下完成改进该最接近的现有技术的活动。需要说明的是，所属领域技术人员被动地改进某项最接近的现有技术，虽然无法发挥主观能动性，但并不意味着像机器人一样机械地执行输入的指令，而是基于其掌握的知识和具有的能力，通过合乎逻辑地分析、推理或有限的试验完成改进的过程。

在审查实务中，准确把握所属领域技术人员的知识和能力，是正确得出创造性结论的必要条件。只有在创造性判断的整个过程中做到这一点，才能有效避免“事后诸葛亮”的错误。“事后诸葛亮”错误的出现，原因在于审查员事先已经阅读了申请文件，超越了所属领域的技术人员所掌握的现有技术水平，并且跨越了分析、推理和改进的过程，突破了所属领域的技术人员不具有创造力的限度。从发明创造的完成过程来看，发明人通常是发现现有技术的缺陷后，才会有动机去寻求解决该技术缺陷的技术手段，并实现解决该技术缺陷的发明目的。因此，审查员在结合现有技术的过程中，应当完全忽视待评判的技术方案，假定自己从未见过这个技术方案，只有这样结合出来的技术方案才是比较客观准确的。

6.3 最接近现有技术的影响

最接近的现有技术是判断现有技术是否存在技术启示的出发点，确定该最接近的现有技术的方法不同，导致最接近的现有技术通常并不是唯一的。例如，最接近的现有技术可以是与要求保护的发明技术领域相同，所要解决的技术问题、技术效果或者用途最接近和/或公开了发明的技术特征最多的现有技术，也可以是虽然与要求保护的发明技术领域不同，但能够实现发明的功能，并且公开发明的技术特征最多的现有技术。同时，在审查实务中，最接近的现有技术受检索结果的影响也很大，即使能够保证检索结果的全面性，如果存在多篇密切相关的对比文件，也难以保证最接近的现有技术的唯一性。由于发明相对于最接近的现有技术的区别技术特征和实际解决的技术问题与最接近的现有技术的内容密切相关，当最接近的现有技术存在多种选择时，二者的内容也会随其发生变化。因此，技术启示具有相对性。

例如，一件申请的权利要求请求保护一种杯子，所述杯子包括杯把和杯盖。该申请明确记载：杯把用于方便使用者握持，杯盖用于杯子内茶水保温并防止洒出。现有技术中存在两篇对比文件 1 和 2，其中，对比文件 1 公开了一种杯子，其包括杯把，所述杯把用于方便握持；对比文件 2 也公开了一种杯子，其设置有杯盖，用于杯子内茶水保温并防止洒出。当对比文件 1 和 2 都能作为最接近的现有技术时，由于该申请与对比文件 1 或 2 的区别技术特征不同，基于区别技术特征实际确定的技术问题也不同，导致技术启示的内容也存在差别。

【案例 6-3】多功能调味品容器

将对比文件 1 与对比文件 2 进行结合时，需要考虑的不仅仅是上述区别技术特征在对比文件 2 中是否公开以及作用是否相同，还需要分析该申请和对比文件 1 的发明构思，如果发明构思存在本质差别，那么对比文件 1 不适宜作为最接近的现有技术文件。

【案例简介】一种多功能调味品容器，该申请是为了提供一种多功能容器，适于以至少两种不同方式打开的调味品包装，并减小从容器部分分离覆盖部分所需的剥离力，为此在容器上分别设置了一个弱化区域（2）和一个剥离起始件（1），通过两种不同的方式打开包装（见图 6－3）。

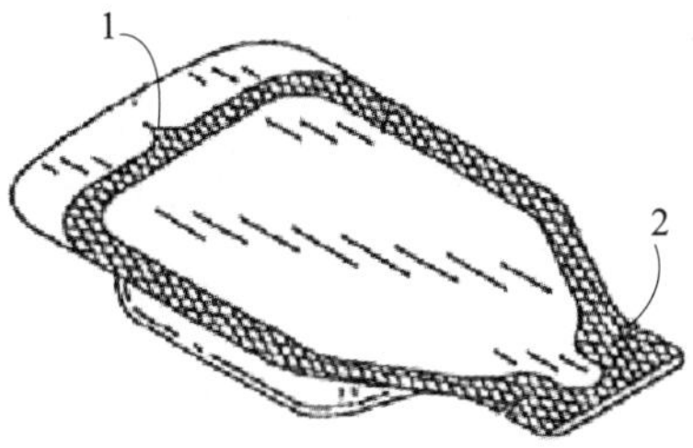

图 6－3

该申请的权利要求 1 如下：

一种容器，包括：容器部分，其由具有第一抗弯刚度的容器材料制成，限定具有标称体积的贮槽和口嘴，带有具有标称宽度的大体上平面的底部，具有大体上平行于平面底部，与平面底部间隔开且围绕所述贮槽的大体上平面的凸缘，覆盖部分，其由具有小于所述第一抗弯刚度的第二抗弯刚度的覆盖材料制成，所述覆盖部分基本上覆盖所述大体上平面的凸缘；黏合剂，其在所述大体上平面的凸缘区域在所述容器部分与所述覆盖部分之间，使得存在与所述口嘴对准的非结合区域；弱化区域，其与所述口嘴大体上横向对准；以及剥离起始件，其在所述非结合区域。

对比文件 1：“改进的咖啡奶盅以及其他杯状物和桶状物”，该对比文件公开了一种在容器的凸耳上设置断裂线（相当于口嘴大体上横向对准的弱化区域）用于打开包装的技术方案。

对比文件 2：“一种带有易开启口的包装容器”，该对比文件公开了一种带有易开启口的包装容器，其中在容器的拐角处的非结合区域具有一易开启口（相当于剥离起始件）用于剥离覆盖在容器上表面的覆膜。

【案例解析】权利要求1与对比文件1公开的技术方案之间的主要区别在于：容器上还设置有位于所述非结合区域的剥离起始件，用以剥离覆盖部分，而对比文件2公开了一种在包装的非结合区域具有一易开启口（相当于剥离起始件）用于剥离覆膜打开包装的技术方案。按照通常“特征覆盖式”创造性评述方式，似乎可以得出在对比文件1的基础上结合对比文件2以及公知常识破坏权利要求1的创造性的结论。这种评述方式看似没有任何问题，符合创造性评述的三个步骤，但如果仔细阅读对比文件1的说明书，发现其中有这样的记载：

说明书背景技术部分：“这类小的桶状物的另一个缺点是，较昂贵的剥离盖通常是由一种箔—塑料的组合制成。能完全剥离的情况是很少的。如果这些不能再回收的盖子变得需要回收了，那么就必须用人工将它们从每个奶盅上剥离……将盖子剥离需要一个非常大的力，为了抗拒这样的力，通常需要将21密耳的可热变形塑料（HIPS）薄膜原料用作较低的凹穴元件，特别是其边沿，并需要将一坚韧的塑料—箔加上一层较强但可剥离的黏合剂用作剥离盖。毋庸赘言，当盖子被剥离，或者是制品将流出杯体时，塑料的容器结构还必须具有抗挤压能力。”

说明书“发明概要”部分：“通过在包装物内生成一个借助轻轻地挤压即可对制品进行分配的出口通道，可以消除昂贵的箔—塑料—黏合剂型剥离盖，并且可以借助由制造小桶的相同材料例如HIPS制成的1或2密耳的密封盖来代替。随后可以对这种盖子进行加热，将它直接密封到小桶上，这样就不需要黏合剂或密封剂层。”

可见，对比文件1中已经明确记载其要解决的技术问题是消除由于使用“剥离盖”对材料、黏合剂等的要求所带来的过高的包装成本，从而由其他部件来替代剥离盖，即对比文件1不存在相应的改进需求和必要，使得所属领域技术人员有动机将对比文件2给出的“在包装容器上采用剥离盖”的技术手段再应用于其上，从而得到权利要求1的技术方案。也就是说，对比文件1实际上给出了与发明相反的教导。而对相反的教导，本领域技术人员没有动机去结合对比文件1和2。因此，上述评述方式没有同时考虑到对比文件1所要解决的技术问题，未能从整体上考虑对比文件1给出的教导，忽略了是否存在对其进行改进的需求和必要，导致在根据权利要求1与对比文件1的区别技术特征检索到对比文件2之后，主观地将对比文件2与对比文件1强制结合，生硬地拼凑出发明的技术方案，从而得出发明不具备创造性的错误结论。

因此，当希望将对比文件1与对比文件2进行结合时，需要考虑的不仅仅是上述区别技术特征在对比文件2中是否公开以及作用是否相同，还需要分析该申请和对比文件1的技术思路，如果技术思路存在本质差别，那么对比文件1不适宜作为最接近的现有技术文件。而之所以此时“特征相同，作用相同，但不具有结合启示”，是由于在确定最接近的现有技术文件时，没有从技术领域、技术问题、技术方案和技术效果这几个方面将对比文件1作为一个整体考虑，并且没有将对比文件1整体和该申请的整体进行整体对比，以确定该对比文件1在整体上是否是最接近于该申请的现有技术，而仅仅从相同特征的数量上进行确定，客观上直接导致了最接近的现有技术文件确定的不恰当，也间接导致结合启示判断出错。因此，“整体考虑原则”应当含括到“三步法”的第一步“最接近的现有技术的确定”中，应当明确要求将该申请和现有技术分别作为一个整体考虑后，再进行整体对比来确定最接近的现有技术，则不会出现“特征相同，作用相同，但不具有结合启示”的情形。

6.4　技术领域的影响

《专利审查指南2010》第二部分第二章第2.2.2节规定：“发明或者实用新型的技术领域应当是要求保护的发明或者实用新型技术方案所属或者直接应用的具体技术领域，而不是上位的或者相邻的技术领域，也不是发明或者实用新型本身。”

随后，《专利审查指南2010》第二部分第七章第5.3节中对如何确定检索的技术领域也作了说明：“通常，审查员在申请的主题所属的技术领域中进行检索，必要时应当把检索扩展到功能类似的技术领域。……功能类似的技术领域是根据申请文件中揭示出的申请的主题所必须具备的本质功能或者用途来确定，而不是只根据申请的主题的名称，或者申请文件中明确指出的特定功能来确定。”可见，其他技术领域的文件也有可能是潜在的对比文件，这与“所属领域技术人员”的定义也是一致的，即“如果所要解决的技术问题能够促使所属领域的技术人员在其他技术领域寻找技术手段，他也应具有从该其他技术领域中获知该申请日或优先权日之前的相关现有技术、普通技术知识和常规实验手段的能力。”

但是，由于审查指南对“其他技术领域”，一般是指“类似”“相近”和“相关”的技术领域，没有给出具体指导性的判断标准，也没有给出“其他技术领域”的对比文件具有技术启示的判断标准，因此，在其他技术领域的对比文件是否能够评价创造性的问题上，不同的判断主体可能有不同的理解。

关于技术领域远近的判断，一般情况下，从一个应用性领域容易扩展到具有相同或相似功能的应用性领域。但是，从一个应用性领域扩展到另一个应用领域需要慎重考虑这些领域在结构、生产、制造等方面是否存在密切的关联，使得所属领域技术人员在熟悉所属领域的同时，也熟悉另一个领域的技术，在面临需要解决的技术问题时，能够想到在这些领域中寻找解决方案，或者说，需要考虑应用性领域对区别技术特征是否具有限定作用。

【案例6－4】取力器

判定权利要求的保护范围时，不能忽略技术领域对保护范围的限定，否则会导致不能正确理解申请实际要解决的技术问题。

【案例简介】该申请涉及一种取力器，该申请涉及的是汽车储能机构中的储能取力传动装置，目的是通过对取力器内部的结构改造，去除中间传动部件取力离合器，从而使得取力器从原有的五道传动轴减少为两道传动轴，使其齿轮箱体积大大缩小，整体结构紧凑。一种取力器包括传动部分和控制部分，传动部分包括输入齿轮轴1、输入齿轮2、齿套3、输入轴4、输出齿轮7、输出轴8、齿轮箱9、与汽车变速箱输出轴连接的连接突缘，控制部分包括控制拉杆5、控制拉杆6以及拨叉10和拨叉11，所述取力器的特征在于：输入轴4通过其左端顶部的支撑轴承与输入齿轮轴1转动连接。输出齿轮轴1与输入轴4为共轴心，输入齿轮轴1与输出轴8的距离为输入齿轮2和输出齿轮7的啮合距离，整个取力器含有两道运转轴。其中，审查员在驳回决定中引用了对比文件1、2评价了权利要求1的创造性，并以权利要求1～10不具备创造性为由驳回了该申请。

驳回决定所针对的独立权利要求1如下：

1. 一种取力器，所述取力器包括传动部分和控制部分，所述传动部分包括输入齿轮轴（1）、输入齿轮（2）、齿套（3）、输入轴（4）、输出齿轮（7）、输出轴（8）、齿轮箱（9）和汽车变速箱输出轴连接的连接突缘，所述控制部分包括控制拉杆（5）、控制拉杆（6）以及拨叉（10）和拨叉（11），其特征在于：输入轴（4）通过其左端顶部的支撑轴承与输入齿轮轴（1）转动连接，输入齿轮轴（1）与输入轴（4）为共轴心，输入齿轮轴（1）与输出轴（8）的距离为输入齿轮（2）和输出齿轮（7）的啮合距离，整个取力器含有两道传动轴心（见图6－4－1）。

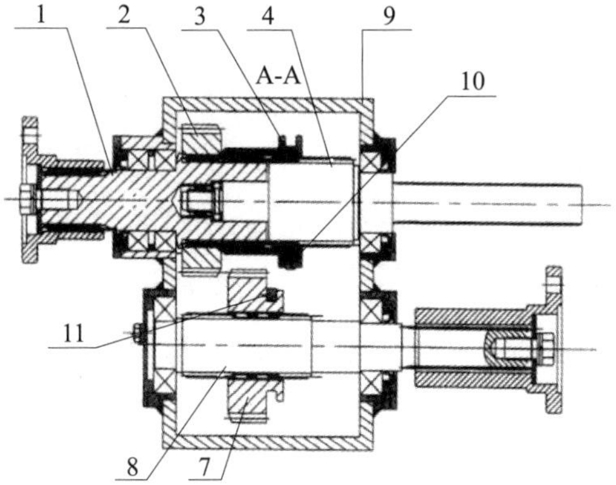

图6－4－1

对比文件1公开了一种小型拖拉机的副变速器，该副变速器与主变速器配合使用后，使从事运输作业的小型拖拉机有较多的档次和较宽的车速范围，能满足在山路上行驶时有较大爬坡能力，在平路上行驶时又能获得较高行驶速度的要求。该副变速器配装在主变速器9和离合器1之间，由外壳、轴承座13、动力输入轴2、输入齿轮3、中间轴4、中间齿轮5、动力输出轴8、输出齿轮以及换变挡手柄11构成（见图6-4-2）。

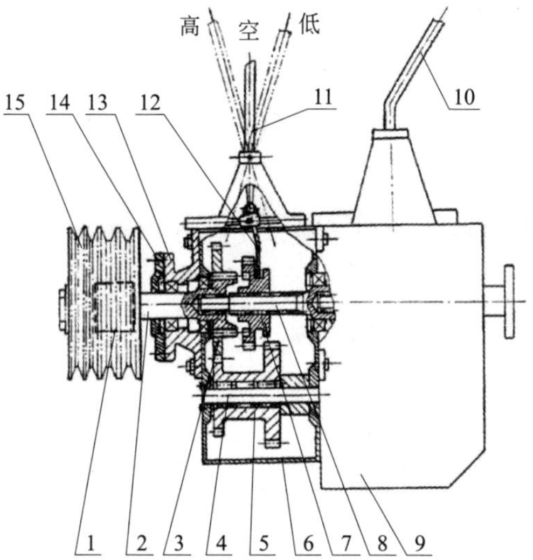

图6-4-2

对比文件2公开了一种三轮摩托车倒档装置，旨在提供一种结构紧凑，容易制造，安装简便，体积小，重量轻，成本低的三轮摩托车倒档装置。向前行驶时，主动齿轮12与从动齿轮4啮合，从动链轮9在输出轴2上空转；倒档时，拨叉7拨动从动齿轮4向左滑移，与主动齿轮12脱离，并使从动齿轮4上的啮合轮5上的凹槽8与从动链轮9上的啮合轮10上的凸爪11啮合，输入轴3上的主动链轮13即带动输出轴2上的从动链轮9转动，并通过从动齿轮4带动输出轴2反向转动，从而实现倒车（见图6-4-3）。

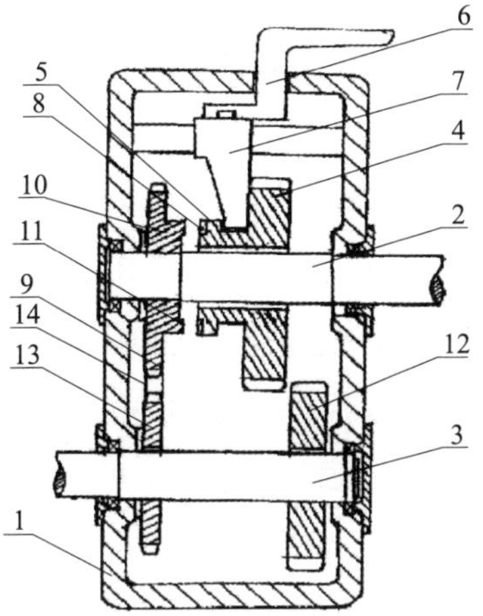

图 6-4-3

审查员认为，对比文件 1 的副变速器和对比文件 2 的倒档装置相当于该申请的取力器，权利要求 1 与对比文件 1 的区别在于，权利要求 1 具有两个输出轴输出动力，两个输出轴分别通过拨叉控制可接入/断开地传输动力，对比文件 1 仅有一个输出轴可接入/断开地传输动力，对比文件 2 公开了一种三轮摩托车倒档装置，在需要双输出轴传动且每个输出轴可控制地接入/断开的情况下，所属技术领域技术人员容易想到将对比文件 2 中的输出轴及其控制部分替换对比文件 1 中的中间轴部分，从而实现两个输出轴通过拨叉控制可接入/断开地传输动力。因此，权利要求 1 不具备创造性。

但是合议组认为：对比文件 1 公开了一种小型拖拉机的副变速器，该副变速器装配在主变速器 9 和离合器 1 之间，它由外壳轴承座 13、动力输入轴 2、输入齿轮 3、中间轴 4，中间齿轮 5，动力输出轴 8，输出齿轮以及换挡手柄 11 构成。其中，动力输入轴 2 的头端通过花键与离合器配合安装，输入齿轮 3 固定套接在输入轴 2 的尾端，其中动力输出齿轮 7 通过花键与输出轴活动配合套接，输出轴 8 的头端活动装接在输入轴 2 尾端部的安装孔内，输出轴 8 的尾端与主变速器 9 的第一轴固定连接，其中换挡手柄 11 可以通过拨叉带动输出齿轮 7 在输出轴 8 的花键上沿轴向滑动并分别与输入齿轮 3 或中间齿轮 5 啮合而实现变速换档。

权利要求 1 与对比文件 1 的副变速器的区别在于：（1）用途不同，权利要求 1 的取力器是用于对汽车上应该储存的能量，特别是运行中需要额外施加阻力抵消的重力势能进行充分驱力传动，以便转化储能、节能和安全行车；对比文件 1 的副变速器是用于小型拖拉机，通过副变速器和主变速器配合使用，其变速系统前进挡可获得 8 种转速。（2）结构上的区别，权利要求 1 中具有两个输出轴输出动力，两个输出轴分别通过拨叉控制可接入/断开地传输动力，对比文件 1 仅有一个输出轴。

对比文件 2 公开了一种三轮摩托车倒档装置，其公开了“利用一个拨叉 7 调整位于输出轴 2 上的从动齿轮 4，使其啮合主动齿轮 12 或从动链轮 9，从而使输入轴 3 输出的动力改变方向，实现三轮摩托车前进或后退”。对比文件 2 没有给出可以将副变速器或摩托车倒档装置应用于车辆的取力器中的技术启示，对比文件 2 也没有公开“两个输出轴输出动力”以及“两个输出轴分别通过拨叉控制可接入/断开地传输动力”，即对比文件 2 没有公开上述区别技术特征。

虽然对比文件 1、2 中所公开的结构与该申请所要求保护的取力器都属于传动结构，但是它们的用途以及所要求解决的技术问题不同，具体结构也存在差异，因此不能结合用于否定权利要求 1 的创造性。

【案例解析】该申请的取力器是用于对汽车上应该存储的能量、特别是运行中需要额外施加阻力抵消的重力势能进行充分取力传动，以便于转化储能、节能和安全行车；对比文件 1 的副变速器是用于小型拖拉机，通过副变速器和主变速器配合使用，其变速系统前进挡可获 8 种转速。两者虽然均属于传动领域，结构类似，但是用途不同。

由于具体的用途不同，类似的结构所解决的技术问题也不相同，相应地达到的技术效果也不一样，因此，对比文件 1 中的副变速器不同于该申请的取力器。同样，对比文件 2 中的倒档装置也不同于该申请的取力器。

审查员在判定权利要求的保护范围时，着重于具体的传动结构，忽略了技术领域对保护范围的限定，导致没有正确理解该申请实际要解决的技术问题，合议组则考虑了技术领域对解决的技术问题的限定。

一般地，与 IPC 分类原则类似，技术领域可以按照功能和应用分类，功能分类与某技术的本质属性或功能相关，应用分类与使用或应用某物的方法相关，但是功能分类和应用分类之间不是孤立的，而是相互联系、相互影响的。该申请取力器的传动与控制部分，和对比文件 1 副变速器的传动与控制部分，按照应用分类，分别属于取力器领域和变速器领域，按照功能分类，均可划归齿轮传动领域，但是，正是由于两种传动与控制部分属于不同的应用领域，因此，近似的传动结构所要解决的技术问题可能是不相同的，达到的技术效果也是不相同的，比如应用的技术领域不同可能对于零部件能够承受的载荷的大小有限定作用。此时，技术领域对解决的技术问题是有限定作用的。

6.5　技术问题的影响

根据“三步法”，判断现有技术是否给出结合的技术启示，通常的做法是根据发明与最接近的现有技术的区别技术特征，确定发明实际所解决的技术问题；其中该技术问题是通过区别技术特征的作用，即其所能达到的技术效果，或其产生的对现有技术的改进，衍生出的技术问题，即要从贡献的角度去确立技术问题，而不是孤立地看区别技术特征，简单地从特征的角度确立技术问题。也就是说，创造性评判中，是否具有技术启示是以问题为导向的，而不是以技术特征本身为导向。

技术问题是指现有技术存在的缺陷，在判断发明或实用新型是否具备显而易见性时，如何准确确定发明要解决的技术问题在发明的创造性判断中起着举足轻重的作用。技术问题指引着所属领域技术人员寻找解决该技术问题的技术手段，技术方案的发明目的就是解决该技术问题。因此，所属领域技术人员是否意识到发明或者实用新型实际解决的技术问题，是否会在该技术问题的指引下寻求现有技术的启示，对判断现有技术是否存在相关技术启示具有重要影响。例如，一种印刷设备，发明目的在于克服“印刷时纸张跑偏”的技术问题，造成上述问题的根源在于“部件A的变形”问题。虽然解决“部件A的变形”问题的技术手段非常简单，但认识到该原因是不容易的，因此有必要认可技术方案的创造性。值得注意的是，由于审查员通常是在看过申请文件后进行创造性判断的，因此很难在这个过程中体会找到问题根源的困难程度。

技术问题的提出或发现本身是发挥其指引作用的前提，如果所属领域的技术人员不会或者根本就不可能意识到技术问题，自然也就不可能、也不会有动机去寻求解决该技术问题的技术手段。因此，技术启示根源于技术问题的推动，或者说技术问题是技术启示的最初动力。

技术问题存在于现有技术中，其本身具有客观性，但技术问题的发现却具有主观性，会受到所属领域技术人员认知水平的影响。某些技术问题可能是所属领域技术人员很容易发现的，是否存在技术启示的判断主要集中在现有技术中是否存在应用不同技术手段来解决该技术问题的启示上，以形成发明或实用新型的技术方案。某些技术问题是所属领域技术人员很难发现的，如某种技术偏见的存在阻碍了所属领域技术人员对该技术问题的发现，此时技术问题的提出通常就需要付出创造性劳动，该创造性劳动就保障发明或实用新型具备非显而易见性，因为技术问题的提出本身就可以证明技术方案的非显而易见性。这就是说，即使解决技术问题的技术手段是现有技术或其简单组合，但如果该技术问题本身就不是所属领域技术人员能够意识到的问题，则该技术方案仍应被认定为具有非显而易见性。

第7章

机械领域创造性判断中公知常识的考虑

在创造性判断中经常会遇到“公知常识”的问题，尤其是在机械领域，涉及产品结构、组成、连接关系较多，当区别技术特征没有被现有技术公开，其是否为公知常识对于判定技术方案是否具备创造性具有关键作用。

7.1 比较法分析

我国专利法及专利法实施细则中均未涉及对公知常识的详细说明，仅《专利审查指南2010》第二部分第四章第3.2.1.1节中首次出现，其以举例的形式示出了公知常识的几种情况，即“所述区别特征为公知常识，例如，本领域中解决该重新确定的技术问题的惯用手段，或教科书或者工具书等中披露的解决该重新确定的技术问题的技术手段。”

在《专利审查指南2010》第四部分第二章第4.1节有“在合议审查中，合议组可以引入所属技术领域的公知常识，或者补充相应的技术词典、技术手册、教科书等所属技术领域中的公知常识性的证据”的描述。在这里，技术词典、技术手册应属工具书的范畴，而教科书或者工具书是公知常识的基本载体。但是审查指南中的上述表述仅仅是示例性解释，并不能作为公知常识的定义或是证据形式的限制。

我国司法实践关于公知常识的认定中，《最高人民法院关于行政诉讼证据若干问题的规定》第68条规定：下列事实法庭可以直接认定：

（一）众所周知的事实；

（二）自然规律及定理；

（三）按照法律规定推定的事实；

（四）已经依法证明的事实；

（五）根据日常生活经验法则推定的事实。

前款（一）、（三）、（四）、（五）项，当事人有相反证据足以推翻的除外。

根据上述规定可以看出，众所周知的事实、自然规律及定理、根据日常生活经验法则推定的事实应该是公知常识。

在欧洲专利局审查指南中公知常识的英文是“common general knowledge”，可直译为“公共的、普通的知识”。欧洲审查指南对公知常识的表现形式给出了几种情况：与技术问题有关的包含于基础手册、专著和教科书中的信息。除此之外，还提出了一个特例：如果发明所处的研究领域很新以至于相关的技术知识不能由教科书得到，那么公知常识还可以是包含于专利说明书或科学出版物中的信息。其中，基础手册、专著可以被认为是我国审查指南中的工具书。

欧洲专利局上诉委员会判例法中还规定：“公知常识不仅是通过文字记载在教科书或类似的刊物当中，也可是普通技术人员头脑中的知识。”[1] 欧洲专利局上诉委员会认为，本领域技术人员并不实际知晓能够获得的全部技术知识；为了正确认定本领域技术人员的公知常识，其规定了三个认定公知常识的标准以普遍适用于所有案件。第一，本领域技术人员的能力不仅仅限于知晓某技术领域的具体基本知识，而且还能够知道到哪里去寻找这些知识，如在相关论文中查找、在科技出版物或专利说明书中去查找。第二，也不应当认为，为了弄清楚公知常识，本领

---

[1] 欧洲专利局上诉委员会. 欧洲专利局上诉委员会判例法［M］. 6版，北京同达信恒知识产权代理有限公司，译. 北京：知识产权出版社，2016：176.

域技术人员会对本技术领域的所有文献都进行综合检索，并不需要本领域技术人员进行不必要的检索。第三，公知常识必须是清晰的、可使用的，不存在疑问，也不需要进一步的检索。欧洲专利局上诉委员会认为，这些要求实际上相当于传统的步骤：（1）从图书馆的书架中查找合适的参考书（教科书、百科全书等）；（2）并不需要特别的努力就可以寻找到合适的路径；（3）并不需要进一步的检索就可以得到明确的有用的信息。欧洲专利局上诉委员会也特别指出，在每个具体案件中，公知常识的认定往往需要根据个案的具体事实和证据来具体认定。[1]

7.2 所属技术领域的技术人员

《专利审查指南2010》在第二部分第四章第2.2节规定："发明有突出的实质性特点，是指对所属技术领域的技术人员来说，发明相对于现有技术是非显而易见的。如果发明是所属技术领域的技术人员在现有技术的基础上仅仅通过合乎逻辑的分析、推理或者有限的试验可以得到的，则该发明是显而易见的，也就不具备突出的实质性特点。"

因此，判断发明是否具备显而易见性，所属技术领域的技术人员是一个基本的判断主体；而判断是否为公知常识，也应当以所属技术领域的技术人员的判断为准。《专利审查指南2010》第二部分第四章第2.4节规定："所属技术领域的技术人员，也可称为本领域的技术人员，是指一种假设的'人'，假定他知晓申请日或者优先权日之前发明所属技术领域所有的普通技术知识，能够获知该领域中所有的现有技术，并且具有应用该日期之前常规实验手段的能力，但他不具有创造能力。如果所要解决的技术问题能够促使本领域的技术人员在其他技术领域寻找技术手段，他也应具有从该其他技术领域中获知该申请日或优先权日之前的相关现有技术、普通技术知识和常规实验手段的能力。"

[1] 石必胜．专利创造性判断研究［M］．北京：知识产权出版社，2012：228－229.

从上述显而易见性的判断原则和“所属技术领域的技术人员”的定义可以看出，“所属技术领域的技术人员”虽然是一种假想的“人”，但他具有一定的知识和能力，即除了知晓“申请日或者优先权日之前发明所属技术领域所有的普通技术知识”以及能够获知“该领域中所有的现有技术”以外，还具备逻辑分析、推理或者有限的试验能力，还应当具有跨领域寻找技术手段的能力。该定义与欧洲专利局的定义基本一致。

分析以上我国和欧洲关于公知常识的相关记载可以看出，我国《专利审查指南2010》记载的内容更多地认为是对公知常识形式载体的要求，而司法解释中更多地是关于实质内容的界定；而欧洲专利局关于公知常识的认定内容中更多地可以看作是对载体形式的界定。基于以上比较及我国专利行政司法实践，我们认为：公知常识即为所属技术领域的普通技术知识和根据其普通技术知识和能力而经过常规改进而得到的技术手段，根据其来源或者表现形式不同，公知常识可分为以下四类❶：（1）众所周知的事实；（2）本领域的惯用手段；（3）记载于本领域的教科书、工具书等中的知识；（4）在新技术领域，为本领域的技术人员广泛知晓，记载于科学文献、专利文献等中的知识。

众所周知的事实是社会上一般成员知晓的，其具有更大的普遍性，不限于本领域技术人员所熟知的，其既包括生活常识，也包括通用技术领域的常识，其必然属于公知常识的范畴。例如，不锈钢比普通钢耐腐蚀，塑料一般为良好的绝缘体，采用杠杆加长力臂能省力等。

本领域的惯用手段是本领域中由于广泛使用而为本领域技术人员普遍知晓的技术，例如，采用螺母和螺栓的固定方式，采用蜗轮蜗杆来传递两交错轴的运动和动力等。本领域的惯用手段通常是基于教科书或工具书教导的知识，在实践中广泛使用的具体技术手段，因此，本领域的惯用手段有时可以从教科书、工具书中找到依据，在此情况下，惯用手段可能与记载于教科书或者工具书中的公知常识重合。审查实践中，更

❶ 摘自国家知识产权局专利复审委员会课题《所属技术领域的技术人员的知识和能力》。

多的情形是从教科书、工具书中找不到依据，其是所属技术领域的技术人员根据其掌握的知识结合其逻辑分析、推理或者有限的试验能力而得到并被广泛使用，因此也常称为“本领域技术人员的常规技术手段”“本领域技术人员的常规选择”“通过常规实验/试验可以得出”或“容易想到的技术手段”。

记载于本领域的教科书、工具书等中的知识是专利审查中最常见的类型，如多种行星齿轮的结构、各种不锈钢的具体组分性能等，都属于此类公知常识。

对于出现在科学文献或者专利文献中的知识，是否构成上述第四类的公知常识，重点需要考虑所述知识或者技术在该新技术领域中是否已经被本领域技术人员所普遍知晓并被普遍接受，只是由于技术更新速度过快，这种普遍知晓的技术内容还没有来得及汇编成为教科书、工具书或技术手册。在审查实践中，由于这类知识证明其已经被本领域技术人员所普遍知晓并被普遍接受一般比较困难，但由于其通常能找到相应的科学文献或者专利文献，因此其更通常被作为现有技术证据提供。

上述对公知常识的四种表现形式的界定是站在本领域技术人员的角度上做出的，上述分类体现了本领域技术人员对不同类型公知常识的熟悉程度逐级递减。上述界定不仅是实质内容上的界定，同时也是形式内容上的界定，这种实质内容和形式内容上相结合的界定方式有利于与我国《专利法》和《专利审查指南2010》相适应，也容易为专利相关从业人员理解和接受。其中众所周知的事实和本领域的惯用手段，可以说是偏重实质上的认定，而记载于本领域的教科书、工具书等中的知识和在新技术领域，为本领域的技术人员广泛知晓，记载于科学文献、专利文献等中的知识虽然更偏重于载体形式上的认定，但也可以认为在一定程度上是对实体内容的认定。

将上述实质上的认定和载体形式上的认定相结合的方式的好处在于，众所周知的事实是理所当然的公知常识，将上述内容排除在公知常识之外不符合惯常认识。很多在生活中属于众所周知的事实或者本领域技术人员的惯用技术手段并未被记载在固定的载体中，而是属于口口相传或者已经惯常使用的技术手段，不应当仅仅因为其没有记载在固定的载体中就将其排除在公知常识的范畴之外。实际上很多众所周知的事实和本领域的惯用技术手段也是记载在各种书籍或者本领域的教科书、工具书、技术手册中的。

而载体形式上界定的好处在于，在不能肯定判断出某些事实是否属于公知常识时，可以要求提供规定的载体资料证明。因此，规定载体范围能够规范哪些固定载体上记载的内容属于公知常识，这也能在一定程度上避免公知常识的滥用问题，并且也能够明确什么样的载体上记载的内容属于公知常识的范畴，便于审查员和当事人举证。

7.3 公知常识使用注意的几个方面

在“三步法”中最关键的一步就是判断现有技术是否存在“技术启示”，而审查指南中指出如果区别技术特征为公知常识，则认为存在“技术启示”。在审查实践中，对于区别技术特征没有被现有技术公开的技术方案在判断其是否具有创造性时，需要注意两个方面：一是判断该区别技术特征是否为本领域的公知常识；二是判断现有技术整体上是否存在使本领域的技术人员在面对发明实际解决的技术问题时，有动机将“公知常识”结合到最接近现有技术的动机或技术启示，也就是不能因为某一特征属于公知常识就可以直接认定具有技术启示，而是需要考察该公知常识可否用于解决本发明所要解决的技术问题。在实际审查工作中，以上两方面是相辅相成的，即在判断该区别技术特征是否为本领域的公知常识的过程中，所属技术领域的技术人员根据其知识和能力通常就能发现其有或是没有动机去结合相关技术手段改进最接近的现有技术，这也能进一步佐证该区别技术特征是或不是本领域的公知常识。

下面结合所属技术领域的技术人员的知识和能力及上述公知常识的形式中的第二种、第三种情形分别进行具体案例分析。

7.3.1　技术手段是所属技术领域的技术人员所具有的知识

【案例7－1】一种晶片研磨用定位环

【案例简介】该案涉及名称为“一种晶片研磨用定位环”的无效宣告请求案。该专利授权公告的权利要求1如下：

1. 一种晶片研磨用定位环，其特征在于：在一体成型的塑胶无缝环体顶端沿其周向间隔开设有与驱动装置连接定位的螺孔，在环体内孔的周壁上开设有向外倾斜贯通的排水孔，在环体底端面上间隔开设有水平倾斜的排液凹槽，环体的内孔与待研磨的晶片外圆全周边套合定位。

权利要求1与对比文件1（TW466151）的区别在于：在定位环体顶端沿其周向间隔开设有与驱动装置连接定位的螺孔。

本领域技术人员均知道，在研磨过程中必然需要将定位环与驱动装置连接定位，而在定位环体顶端沿其周向间隔开设螺孔，以便通过螺栓和螺孔的结合固定，这是本领域惯常采用的技术手段。

由此可见，在对比文件1的基础上结合本领域的公知常识，以得到权利要求1所请求保护的技术方案，对本领域普通技术人员来说是显而易见的，因此权利要求1不具备《专利法》第22条第3款规定的创造性。

【案例解析】该案中，区别技术特征属于公知常识，为了解决固定的需要，将螺栓与螺孔配合定位属于本领域技术人员的惯用手段。用螺栓固定不仅仅是本领域的惯用技术手段，也是其他需要固定的场合常常用到的技术手段，因此可以被认定为属于公知常识的范畴。

【案例7－2】一种晶片研磨用定位环

在考虑一个技术特征是否为公知常识的时候，需要多角度地全面分析该特征是否为公知常识，例如解决的技术问题、区别技术特征所解决的技术问题以及达到的效果，同时要考虑本领域技术人员采用这种公知常识的动机。此外，对于公知常识的把握要从实际要解决的技术问题出发，如果不从实际要解决的技术问题出发，仅仅分析区别技术特征的作用，不将技术特征组成的技术方案进行整体的分析，不综合考虑这些特征整体组成的技术方案所解决的技术问题和实现的技术效果，容易造成对公知常识的认定偏差。

【案例简介】案例涉及一种压缩装置，目的是提供一种具有简单的结构且适合以非常有效的方式压缩空的容器的压缩装置，即除了单纯地挤压容器外，在同一过程中也实现了容器的打孔。

其独立权利要求 1 为：

1. 一种由塑料或白铁片制成的饮料瓶或饮料罐的压缩装置（1），所述压缩装置（1）包括至少一个可旋转的辊子（1a，1b），所述辊子（1a，1b）构造成用于挤压空的容器并给所述空的容器打孔，其中，所述辊子（1a，1b）具有辊子基体（2a，2b）和至少一个从所述辊子基体（2a，2b）伸出的销钉元件（3），其特征在于，所述销钉元件（3）实施成螺旋夹紧销。

权利要求 1 所要求保护的技术方案与对比文件 1 的区别技术特征为：辊子基体伸出的销钉元件实施成螺旋夹紧销。

有观点认为：由于螺旋夹紧销为所属技术领域常用的零部件，其具有安装方便等优点，所属技术领域的技术人员在面对如何设置需要经常更换维护的销钉的问题时，容易想到将其设置为螺旋夹紧销，以便于日后的维护，且可以预期其技术效果。因此权利要求 1 请求保护的技术方案对于本领域技术人员来说是显而易见的，不具备创造性。

【案例解析】具体到该案，虽然螺旋夹紧销在机械领域是公知的，然而其被认知为用于将机械的两个或多个部件紧固在一起的机械紧固件，而在该申请的压缩装置中该螺旋夹紧销作为打孔工具起作用。对比文件 1 涉及一种容器的切割和压平装置，其通过两个可旋转的辊子 11、12，其中辊子 12 上带有多个突出物 14，辊子 11 上带有多个切割齿 13，辊子11以较高的速度旋转，辊子12利用突出物14穿过罐头并把持住罐头，切割齿以较高的相对速度将罐头切割为条状，突出物带着切割的条向下经由辊子的压平作用得到平整的条以解决便于包装的问题。因此，对比文件1没有教导使用螺旋夹紧销作为打孔工具；而该申请除了单纯地挤压空的容器外，在同一过程中也使用螺旋夹紧销实现容器的打孔。由此可知，对比文件1的技术原理与该申请的技术原理不同，并且对比文件1中的突出物利用螺栓紧固到辊子上，已经实现了便于拆装和负载下不易脱落的技术效果，因此没有给出将销钉替换为螺旋夹紧销用于给容器打孔的启示。

其次，现有证据（国家标准）中仅涉及卷形的圆柱弹簧销的尺寸和材料，并不涉及将圆柱弹簧销用于打孔工具的技术内容。圆柱弹簧销在本领域的主要用途是固定零件之间的相互位置，并可传递不大的载荷，并没有给出将螺旋夹紧销作为打孔工具使用的技术教导。

换句话说，本领域技术人员并不清楚螺旋夹紧销可与对比文件1的销一样作为打孔工具同样良好地工作，因此本领域技术人员没有动机使用该申请的螺旋夹紧销，进而得到该申请请求保护的技术方案；同时，该申请的发明目的是提供一种具有简单的结构且适合以非常有效的方式压缩空的容器的压缩装置。提供可容易地更换的销只是该申请的一个附加优点，并不是该申请意图解决的技术问题。因此权利要求1的技术方案相对于对比文件1和公知常识具有突出的实质性特点和显著的进步，具备《专利法》第22条第3款规定的创造性。

7.3.2　容易想到与有限的试验

现有的审查实践中有一类发明创造，其与最接近现有技术的区别是材料或数值范围的优选，判断该类发明是否具有创造性的关键在于，上述材料或数值范围的优选所构成的区别技术特征是否属于公知常识或是属于“有限的试验”可以得到的。

我国《专利审查指南2010》在第二部分第四章第2.2节规定："在现有技术的基础上仅仅通过合乎逻辑的分析、推理或者有限的试验可以得到的，则该发明是显而易见的"，但该部分与具体审查原则和审查基准的第二部分第四章第3节"发明创造性的审查"部分相并列，属于对"创造性"的原则性规定，而并非具体审查判断标准。该"有限的试验"部分能否单独作为创造性评价标准以及其适用标准及范围如何，均没有相应的规定。《专利审查指南2010》第二部分第八章第4.10.2.2节中规定："审查员在审查意见通知书中引用的本领域的公知常识应当是确凿的，如果申请人对审查员引用的公知常识提出异议，审查员应当能够说明理由或提供相应的证据予以证明。"上述规定隐含着审查员在使用公知常识时可以"说明理由"或"举证证明"。

日本的审查指南则规定：对于区别技术特征仅仅属于公知材料的优选、数值范围的优化、等同物的替换、常规设计手段的选择等情况，原则上并不具备创造性的。但是，该发明所限定的数值范围内，具有对比文件所未公开的有利效果、与对比文件所公开的效果本质不同，或者本质相同但具有极其优越的效果，这些在本领域技术人员结合当时技术水平而无法预测的时候，具备创造性。

欧洲专利局的审查指南规定，对于简单的代替、从有限的选择方案中选择同等的代替方案或者推论，或者通过日常试验、普通设计程序可以获得，以及从范围有限的可能性当中的选择等，均属于否定创造性的理由。

美国专利法通过判例形式规定，本领域技术人员在现有技术的基础上，通过简单的非创造性劳动即可获得的技术方案是不予认可其创造性的。但是当数值或数值范围非常重要，具有特定技术意义或者带来不同类别的新的技术效果时，则存在创造性被认可的可能性。换言之，考量该数值或数值范围时，需要考虑其技术意义和所带来的技术效果。

因此，为确保发明创造的合理技术高度，真正实现专利法意义下的"提高创新能力，促进科学技术进步"，一般而言，对于本领域技术人员在现有技术的基础上，通过简单的非创造性劳动，例如通过常规材料选择、数值范围选择、简单置换等即可获得的技术方案是不具备专利法意义下的创造性的，应当根据“公知常识”或“有限次试验”等予以否定。但是，涉及“有限的试验”来评价创造性时，应当有其适用的前提条件、具体的指引以及判断标准。不能只要看到是材料或数值范围的优选，就认定为一定适用“有限的试验”。

7.3.2.1　容易想到

【案例7-3】一种超微颗粒的制备方法

区别技术特征是所属领域的技术人员根据其掌握的知识通过合乎逻辑的分析容易想到的技术手段，给出了结合的启示。

【案例简介】该申请的原始独立权利要求1为：

1. 一种超微颗粒的制备方法，包括化学反应过程及产品后处理工序，其特征在于：化学反应过程是利用旋转床超重力场装置作为反应器，将参加反应的多相物流按反应计量比范围分别通入旋转床的不同进料口，在填料层超重力场下反应，反应后的乳浊液从旋转床出料口排出，送入后处理工序，连续式制产品，或将乳浊液送至循环储槽，再送回旋转床继续反应，半分批式制备产品。

审查员在第一次审查意见通知书中指出，该申请权利要求1所要求保护的技术方案与对比文件1（US4294808A）所公开的内容相比，其区别仅仅在于用“旋转床超重力场装置”代替“旋转的分散装置”。

申请人认为：“旋转分散装置”与“旋转床超重力场装置”在技术上存在明显的区别，在申请日之前的旋转超重力装置均用于解析、分离过程，从未应用到化学反应过程，更没有用于纳米颗粒的制备。因此该申请权利要求1保护的技术方案具有显著的效果和实质的进步，具备创造性。

【案例解析】虽然该申请的旋转床超重力装置与对比文件1所公开的旋转分散装置有区别，但旋转床超重力场装置本身是已知技术，作为反应器用于复相反应特别是用于传质控制的复相反应过程也是公知的，所属领域的技术人员的普通知识能了解到超重机不但能用于两相过程也能用于三相过程，不但能够用于分离也能够用于复相反应，特别是控制的复相反应过程，而且用“旋转超重力装置”代替“旋转的分散装置”作为反应器生产超微颗粒，只是利用了旋转床超重力场装置的已知性能，与旋转的分散装置所起的作用相同，都是通过强化传质，使反应物快速反应而形成粒度分布均匀的细颗粒。因此，在对比文件1的基础上，利用相同功能的已知手段的等效替换，是所属领域的技术人员容易想到的，因此权利要求1所要求保护的技术方案不具备创造性。

7.3.2.2 有限的试验

【案例7-4】包括涂覆金属板的设备和制造这样的设备的方法

如果一项权利要求请求保护的技术方案与现在技术存在区别技术特征，本领域技术人员在最接近现有技术的基础上，结合本领域的常识来考虑影响该设计的各个因素，以及不同设计方案对于技术方案的实施以及其取得技术效果的影响。综合考虑多个因素的不同影响，进行有目的、有方向的试验，从而在一定的取值范围内进行合理选择，其所能取得的技术效果也是可以预料的，则该技术方案不具备创造性。

【案例简介】该申请涉及一种双合金复合汽缸缸体，其要解决的技术问题是改善汽缸缸体的外形、提高其传热效率、减轻其重量。要求保护的独立权利要求1如下：

1. 一种双合金复合汽缸缸体，其特征在于该缸体由铬钒钛铸铁合金制造的缸套和由铝合金浇铸的缸套外套所组成；用镶嵌环将缸套和缸套外套的位置固定成为整体，并使两者紧密配合；所述镶嵌环为2~4道，镶嵌环的横截面大小限定为2×2mm或3×3mm，是在缸套毛坯外壁车削加工而成。

焦点问题在于，将缸套上设置的镶嵌环数量限制在2~4道，镶嵌环的横截面大小限定为2×2mm或3×3mm，是否是本领域的公知常识。原审查部门认为上述区别属于本领域技术人员经过有限次试验容易得到，属于本领域的公知常识，因此以对比文件1结合公知常识驳回了该申请。申请人不服，提出复审请求，指出从对比文件1的附图可知，其镶嵌部至少有7~8道，该申请将缸套上设置的镶嵌环数量限制在2~4道，并将镶嵌环的横截面大小限定为2×2mm或3×3mm，能有效保障浇铸的缸套外套与缸套之间有较强的包结力，而且使缸套外套的散热好，其不是本领域的公知常识。

【案例解析】机械领域常常面临结构元件的设置问题，而设置数量、设置位置等类型的技术特征往往不容易检索到对比文件，此时采用“举证证明”这条路往往行不通，那么我们应该想到可以采用“说明理由”的方式。但“经过有限次试验容易得到”式的说明理由显然比较单薄，审查意见不能令人信服，不能“使申请人能够清楚地了解其申请存在的问题”。

具体到该案，合议组发出复审通知书，指出：对比文件1中的镶嵌部与该发明的镶嵌环的作用相同，都是将缸套和缸套外套固定成为整体，并且将两者紧密结合，该镶嵌环的作用是本领域技术人员公知的。本领域技术人员在对缸套进行设计时必须结合镶嵌环的作用来设计镶嵌环的数量和尺寸。在工程技术领域，本领域技术人员对某个部件的数量和尺寸进行设计时，需要结合本领域的常识来考虑影响该设计的各个因素，以及不同设计方案对于技术方案的实施以及其取得技术效果的影响。综合考虑多个因素的不同影响，在一定的取值范围内进行合理选择，必要时可以进行有限的试验来进行验证，以上是本领域技术人员的常规技能。对于该申请来说，本领域技术人员需要结合镶嵌环的作用来考虑镶嵌环的数量和尺寸对于整个技术方案的影响。而镶嵌环的作用是本领域公知的，即增加镶嵌环的数量和尺寸，优点是可能使得缸套和缸套外套之间的连接紧固，配合紧密，两者的接触面积变大，缺点是缸套外套的浇注空间减少，可能导致浇注的铝合金外套体积减少，可能导致铝合金散热效果变差，而且加工过多的镶嵌环需要付出更多的机加工成本。以上是本领域技术人员根据镶嵌环、铝合金缸套外套在技术方案中的作用并结合其掌握的技术常识可以确定的。综合考虑上述各影响因素，本领域技术人员必然根据实际情况（例如镶嵌环高度、厚度、直径、工作温度等）和需求选择合适的镶嵌环的数量和尺寸，从而使最终产品满足实际需求。由于上述影响因素都是确定的，本领域技术人员可以进行有目的、有方向的试验，从而确定出一个较为合适的镶嵌环的数量和尺寸，而且确定出的镶嵌环的数量和尺寸其所能取得的技术效果也是可以预料的。综上所述，该申请将缸套上设置的镶嵌环数量限制在2~4道，并将镶嵌环的横截面大小限定为2×2mm或3×3mm属于本领域的常规选择，并没有取得预料不到的技术效果。综上所述，合议组认为该申请权利要求不符合《专利法》第22条第3款规定的创造性。该案发出上述意见后，复审请求人最终未进行答复而视撤。

从该案例可以看出，没有相关证据的前提下如何站在本领域技术人员的角度分析该技术特征成为关键。合议组将现有技术中哪些技术是公知的、围绕这些技术哪些影响因素也是公知的，由此推导出对结构元件的设计必然考虑到周知的因素，而周知的因素又必然影响最终元件数量的选择。通过以现有技术为基础，以本领域技术人员已经掌握的技术为前提，进行严密的推理，从而得出所争论的技术特征确实为常规技术手段的选择，这一推理过程是严密的法律思维的体现，其结论无疑是经得起推敲的，复审请求人也无法提出反驳意见，最终案件视撤。

【案例7-5】轴流风扇

在判断权利要求的创造性时，若区别特征涉及数值，不能仅仅看数值本身，而应结合现有技术和该申请实际要解决的技术问题整体来判断。若现有技术并未给出采用该区别技术特征的技术启示，且目前也没有证据表明该区别技术特征为本领域的公知常识，则该项权利要求具备创造性。

【案例简介】该发明涉及风扇、换气扇等需要送出空气的设备的送风部的轴流风扇的形状。以往，在一般的风扇，大多采用3~5个扇叶的轴流风扇，但是，风扇如一般带有摇头功能那样，大多需要将产生的风送向宽广范围。该发明想要解决的问题在于，在为了送风而使用低转速、低噪声、节能型的轴流风扇中，希望不改变轴流风扇的直径，且保证轴流风扇本身的强度的情况下，增大风的扩散和增大风的面积来增大风量。

权利要求1如下：

1. 一种轴流风扇，其特征在于：

该轴流风扇包括：

回转轴部，安装在回转驱动手段的回转轴；

内侧扇叶群，与该回转轴部同轴地设在该回转轴部外侧；以及

外侧扇叶群，与该内侧扇叶群同轴地设在该内侧扇叶群的外侧；

该内侧扇叶群由以该回转轴部为中心放射状设置的多个内侧扇叶构成，该外侧扇叶群由以该回转轴部为中心放射状设置的多个外侧扇叶构成；

由该内侧扇叶群形成的风的速度 v_1 和由该外侧扇叶群形成的风的速度 v_2，具有 $1.5v_1 < v_2$ 的关系；

上述内侧扇叶和上述外侧扇叶相对回转方向具有迎角，将该内侧扇叶的迎角设为 α_1，该外侧扇叶的迎角设为 α_2 时，该迎角 α_1 和该迎角 α_2 具有 $\alpha_1 < \alpha_2$ 的关系。

对比文件1公开了一种轴流风扇，并具体公开了如下的技术内容（参见说明书第3栏第11行至第5栏第15行及附图1-6L）：该轴流风扇包括中心部件1（相当于该申请中的回转轴部），安装在回转驱动手段的回转轴（参见附图3），中心部件1具有外圆周部，其用来支撑多个径向延伸的第一扇叶群2（相当于该申请中的内侧扇叶群），还包括由支撑

部3支撑的多个第二扇叶群4（相当于该申请中的外侧扇叶群），第二扇叶群4同轴地设在第一扇叶群2的外侧，第一扇叶群1由以中心部件1为中心放射状设置的多个内侧扇叶24构成，第二扇叶群4由以中心部件1为中心放射状设置的多个外侧扇叶25构成，附图6A－6L示出了内侧扇叶和外侧扇叶的截面图，其中附图6A－6D为内侧扇叶的截面图，其中内侧扇叶的迎角随着扇叶半径的增加而减小，图6E－6L为外侧扇叶的截面图，其中外侧扇叶的迎角也随着扇叶半径的增加而减小。

权利要求1请求保护的技术方案与对比文件1公开的技术内容相比，区别技术特征为：由该内侧扇叶群形成的风的速度 v_1 和由该外侧扇叶群形成的风的速度 v_2，具有 $1.5v_1 < v_2$ 的关系；内侧扇叶和外侧扇叶相对回转方向具有迎角，将该内侧扇叶的迎角设为 α_1，该外侧扇叶的迎角设为 α_2 时，该迎角 α_1 和该迎角 α_2 具有 $\alpha_1 < \alpha_2$ 的关系。

基于上述区别技术特征，权利要求1的技术方案实际解决的技术问题是：能将通常只平缓地扩散行进的朝风的扩散方向的运动变化到朝不同方向的运动以及增大风的扩散面积。

实质审查阶段审查员认为，上述区别技术特征是本领域技术人员能够通过合乎逻辑的推理和有限的试验容易得到的，因此，权利要求1不具有突出的实质性特点和显著的进步，不具备《专利法》第22条第3款规定的创造性，并据此驳回了该发明。

申请人不服提出复审请求，并认为：对比文件1中没有涉及由叶片形成的风速的相关内容，即使进行逻辑推理和有限的试验，不经过创造性的劳动，无法得到该申请权利要求1的技术方案。

【案例解析】根据该申请说明书第44~46段的记载，该申请通过使中间环的内侧扇叶群和外侧扇叶群的扇叶的个数、角度、形状各自不同，使得回转时由中间环的内侧和外侧挤出的风量不同，即使得在中间环的内侧和外侧产生的风的风速不同，进而能将通常只平缓地进行扩散行进的朝风的扩散方向的运动变化到朝不同方向的运动的效果，从而使得该申请的轴流风扇产生的风与现有技术中的轴流风扇产生的风具有更大的扩散面积。也就是说，该申请权利要求1请求保护的技术方案是通过对内侧扇叶和外侧扇叶迎角的设计使得内侧扇叶和外侧扇叶的风速形成一定的关系，进而产生风的扩散面积。对比文件1中的轴流风扇虽然也具有内侧扇叶、外侧扇叶，但在对比文件1中未记载有意识地改变风速来产生扩散面积的风的相关内容，对比文件1的附图5－6示出了内侧扇叶和外侧扇叶的迎角变化，但其仅仅指出内侧迎角和外侧迎角分别随着扇叶半径的增加而减小，并未涉及内侧迎角和外侧迎角的大小关系，因此对比文件1未给出通过改变内侧迎角和外侧迎角的大小关系来使得内侧扇叶和外侧扇叶的风速具有一定的关系的技术启示。因此本领域普通技术人员没有动机对内侧迎角和外侧迎角的大小关系与增大风速之间的关联性进行试验、改进，且没有证据证明上述区别技术特征已经被其他现有技术公开或属于本领域的公知常识。同时，由于上述区别技术特征的存在，使得该申请权利要求1请求保护的轴流风扇产生的风具有更大的扩散面积，也就是说上述区别技术特征给权利要求1请求保护的技术方案带来了有益的技术效果。因此，权利要求1相对于对比文件1和本领域的公知常识的结合具有突出的实质性特点和显著的进步，具备《专利法》第22条第3款规定的创造性。

7.4 公知常识的举证和听证

7.4.1 公知常识的举证

公知常识是否需要举证？有观点认为，公知常识属于《最高人民法院关于行政诉讼证据若干问题的规定》规定的免证范围，或公知常识属于本领域技术人员本身应当具有的知识，不属于法院应当判断的待证事实，因此不需举证。另一种观点认为，在决定或判决中，经常会遇到“因为对公知常识的主张没有证据支持，因此不予支持该主张”，这种结论给人的错觉是，公知常识应当举证，否则会因为没有证据而无法得到法院支持。

我国《专利审查指南2010》第二部分第八章第4.10.2.2节规定："审查员在审查意见通知书中引用的本领域的公知常识应当是确凿的，如果申请人对审查员引用的公知常识提出异议，审查员应当能够说明理由或提供相应的证据予以证明。"

我国《专利审查指南2010》第四部分在复审和无效宣告请求审查中规定："专利复审委员会可以依职权认定技术手段是否属于公知常识，并可以引入技术词典、技术手册、教科书等所属技术领域中的公知常识性证据"。这里，虽然使用了"证据"一词，但这些所谓的"证据"不过是释明公知常识的资料。[1]这也可以表明，公知常识性证据具有释明性质而不是证据性质。

通过上述分析可知，在实质审查阶段，如果申请人未对审查员使用的所属技术领域的公知常识提出异议时，则无需举证；但如果申请人对审查员引用的公知常识提出异议，审查员应当能够说明理由或提供相应的证据予以证明。在复审和无效以及司法阶段，裁判者和当事人对公知常识的认定均无异议的情况下，公知常识无需举证；在裁判者无法确定公知常识且双方当事人又存在争议的情况下，根据"谁主张，谁举证"的原则，可以要求提出主张的一方进行举证。

【案例7-6】一种微风吊扇的吊杆

如果一项权利要求请求保护的技术方案与现有技术存在区别技术特征，本领域技术人员在最接近现有技术的基础上，有改进的动机，且该区别技术特征属于本领域的公知常识，如果能给出公知常识的证据，对技术方案不具备创造性的结论将更具有说服力。

---

[1] 孔祥俊. 审理专利商标复审行政案件适用证据规则的若干问题［J］. 法律适用，2005（4）.

【案例简介】某发明说明书中强调，其所要解决的技术问题是防止漏电发生，其采取的技术手段是“杆身外密贴一绝缘层”，专利权人强调该专利采用在杆身外密贴一绝缘层，从而实现了防漏电的目的，达到了安全使用的效果。公开的权利要求1如下：

一种微风吊扇的吊杆，靠近圆管形杆身下端螺纹头的一侧开有供电源线穿出的窗口，靠近吊杆上端的管壁开有相对小孔，其特征在于杆身外密贴一绝缘层。

对比文件1公开了一种微风吊扇的吊杆，权利要求1与对比文件1的区别仅在于“杆身外密贴一绝缘层”，也就是申请人强调的发明点。

审查员认为上述区别技术特征是本领域的公知常识，作出了驳回决定。此后申请人对上述公知常识的认定不服，提出复审请求。问题是上述区别技术特征是否属于本领域的公知常识?

【案例解析】如果现有技术中的微风吊扇的确存在漏电问题，那么本领域普通技术人员是不难发现的，因此，该问题即发明目的的提出并不存在任何困难。要想解决该技术问题，本领域普通技术人员首先会在现有技术中寻求技术解决方案，其中包括与微风吊扇相同的技术领域，也包括与之相近或相关的技术领域（见《专利审查指南2010》第四部分第六章第2.2节），而塑料行业也属于该专利相关的技术领域。因为本领域普通技术人员都知道：解决绝缘问题的手段之一是改变材料，而塑料材料又大多是具有绝缘性能的，所以从该专利的发明目的出发对塑料行业的一些现有技术进行检索是很自然的。因此，专利复审委员会合议组经检索，得到公知常识性证据1：《塑料标准汇编》，中国轻工业出版社，1992年12月出版（早于本发明申请日），其是一份聚氯乙烯热收缩套管的行业标准，其中公开了该塑料套管的一些用途和性能：将塑料套管套装在圆柱形的芯轴上，可起到防电绝缘的作用，而且该证据中明确记载了该套管可以用于电器、电子元件的绝缘包装。与该专利相关的技术领域的证据1证明了“杆身外密贴一绝缘层”是本领域的公知常识，权利要求1不具备创造性。

由于“杆身外密贴一绝缘层”是申请人强调的发明点，因此，前审仅用公知常识进行说理而评述了发明点，而没有给出公知常识性证据，导致申请人不服。而复审程序中对上述公知常识进行了举证，列举了国家行业标准，使得不具备创造性结论的作出有理有据。

7.4.2 公知常识的听证

《专利审查指南2010》第二部分第八章第2.2节关于实审部分“听证原则”中规定：“在实质审查过程中，审查员在作出驳回决定之前，应当给申请人提供至少一次针对驳回所依据的事实、理由和证据陈述意见和/或修改申请文件的机会，即审查员在作出驳回决定时，驳回决定所依据的事实、理由和证据应当在之前的审查意见通知书中已经告知过申请人。”在第二部分第八章第6.1.1节驳回申请的条件中规定：“如果申请人对申请文件进行了修改，即使修改后的申请文件仍然存在用已通知过申请人的理由和证据予以驳回的缺陷，但只要驳回所针对的事实改变，就应当给申请人再一次陈述意见和/或修改申请文件的机会。”因此，在实质审查中，审查员首次认定某个区别技术特征为公知常识并驳回，需要满足听证，以给申请人陈述意见和/或修改申请文件的机会，这是公平的体现。这样的机会可能有多次，但是不可能无限制地进行下去，这是效率的体现。上述规定中关于“同类缺陷”可直接驳回即是听证与效率的平衡。

《专利审查指南2010》第四部分第一章第2.5节关于复审与无效部分“听证原则”中规定：“在作出审查决定之前，应当给予审查决定对其不利的当事人针对审查决定所依据的理由、证据和认定的事实陈述意见的机会”。第四部分第三章第4.1节审查范围中规定：“专利复审委员会可以依职权认定技术手段是否为公知常识，并可以引入技术词典、技术手册、教科书等所属技术领域中的公知常识性证据。”

公知常识的引入是指在实质审查或复审和无效审查之前并未对某些

区别技术特征认定为是公知常识，而现在首次引入对区别技术特征是公知常识的认定。关于公知常识引入的听证包括单纯的引入公知常识和引入公知常识性证据两种情形。

（1）引入公知常识

在实审程序的创造性评判中，经常会出现在首次评述创造性后，申请人为克服通知书中指出的创造性缺陷而在权利要求中补入说明书中的某技术特征；审查员在全面考察现有技术的基础上，认为上述新增加的技术特征属于本领域的公知常识，也就是继续评述创造性需要引入公知常识，此时由于对创造性评判的事实发生了变化，因此根据审查指南的相关规定，审查员应当再次发出通知书，以满足听证。

在复审、无效阶段，公知常识只有在依职权引入的时候才涉及是否需要听证这个问题。由于公知常识属于裁判者本身应当具备的知识，依职权引入公知常识不改变创造性评判的理由，❶ 但是改变了创造性评判的内容，可以认为是对创造性认定的事实发生了变化，在此情况下根据上述相关规定，应当给予当事人陈述意见的机会。因此无论在实质审查还是复审、无效审查阶段，都应当进行听证。

但是，要注意在复审、无效阶段以证据结合不同公知常识的“证据使用方式的改变”有时仅仅是形式上的改变，结合公知常识后所界定的申请中存在的缺陷若并不超出请求人在其已得知的缺陷基础上的合理预期，则在实践中需要区分对待。例如，对于在首次复审通知书中以对比文件加公知常识评述过权利要求的创造性，其后请求人将能够被所属领域技术人员明显确认的公知常识通过修改引入权利要求，并且合议组根据之前已经完成的审查工作能够确认该专利申请完全不具备授权前景，或者复审请求人在被告知专利申请相对于公知常识与现有技术的结合不具备创造性后，仍一再通过修改将公知常识引入权利要求，则合议组可

❶ 孔祥俊. 审理专利商标复审行政案件适用证据规则的若干问题［J］. 法律适用，2005（4）.

视情形兼顾行政效率而免予再次听证。

（2）引入公知常识性证据

在实审过程中，如果审查员在通知书中认定某技术特征为公知常识，申请人对此提出质疑，审查员补充或引入公知常识性证据来证明该技术特征是公知常识的同时驳回该申请，是否符合听证原则？

有专家[1]指出，专利审查中的公知常识通常是特定技术领域的技术人员知晓的普通技术知识，其载体通常是技术词典、技术手册、教科书等，当事人提供专业技术词典或者教科书等权威资料，让法官了解某些行业内众所周知的知识、定理或者规律，或者说明特定术语的含义，这种活动表面上看起来像是举证，但实际上具有释明意义，应当属于认知的范畴，而不属于听证原则中的“证据”的范畴。

“公知常识性证据”与作为对比文件的其他证据的性质不同，“公知常识性证据”是用来证明本领域技术人员的水平的，而不能当作对比文件来看待。不管当时有无该“公知常识性证据”，该技术人员的水平是在创造性等问题审查中自始至终应考虑的重要因素，其水平也不是必须通过举证才得以证明。即证明本领域技术人员水平的“公知常识”并不依赖于举证才能得以证明。与审查和诉讼中其他证据的性质不同，认知不受举证时限的严格限制。由于行政机关和法院可以直接以认知的事实作为审查和裁决的依据，因此，行政认知和司法认知均不受举证时限的限制，提供公知常识性证据可以在行政和司法程序中的任何阶段进行，补充或引入新的公知常识性证据不受举证时限的限制。

因此，如果在驳回时仅仅是引入公知常识性证据来证明本领域技术人员的水平，应当认为这种行为并没有导致驳回的证据的改变，亦没有改变理由和事实认定，由此可以推理得出引入公知常识性证据无需给当事人陈述意见的机会。[2]

---

❶ 孔祥俊. 审理专利商标复审行政案件适用证据规则的若干问题［J］. 法律适用，2005（4）.

❷ 摘自国家知识产权局学术委员会一般课题研究报告《公知常识的举证和听证》（Y090107）.

第 8 章

创造性判断中的其他辅助性因素

在判断一项发明创造是否具备突出的实质性特点时，通常采用“三步法”，即一般审查基准来判断要求保护的发明对本领域的技术人员来说是否显而易见。为了有助于创造性的判断，《专利审查指南 2010》第二部分第四章第 3.3 节规定了创造性的辅助性审查基准：（1）发明解决了人们一直渴望解决但始终未能获得成功的技术难题；（2）发明克服了技术偏见；（3）发明取得了预料不到的技术效果；（4）发明由于其技术特征直接导致在商业上获得成功。

判断创造性时，如果通过一般审查基准可以判断出发明的技术方案对本领域的技术人员来说是非显而易见的，且能够产生有益的技术效果，则发明具有突出的实质性特点和显著的进步，具备创造性。此时不必考虑发明是否符合辅助性审查基准的规定；适用一般审查基准判断发明的创造性，怀疑其技术方案显而易见时，如果发明与最接近的现有技术相比符合辅助性审查基准的规定，则不必再怀疑其技术方案的非显而易见性，可以确定发明具备创造性。在断定发明不具备创造性时，必须以其不符合一般审查基准作为判定标准，而不能仅仅以不符合辅助性审查基准就作出发明不具备创造性的结论。

在机械领域实际审查过程中，发明克服了技术偏见和发明取得了预料不到的技术效果是申请人经常用来作为创造性争辩的理由，也是创造性判断中的其他辅助因素中审查员最常碰到的两种类型。下面对这两种情形结合案例进行梳理和分析。

8.1 发明克服了技术偏见

8.1.1 比较法分析

欧洲专利局的审查指南第四章附录部分第四节指出：作为一个总的原则，如果现有技术使本领域技术人员偏离发明提出的技术方案，则该发明具备创造性。但是必须通过令人信服的事实和证据清楚地显示在相关技术领域中存在偏离要求保护的发明或者与要求保护的发明相反的教导的一般偏见或者误解。

根据欧洲专利局上诉委员会判例法（参见 T 119/82、T 48/86），通过证明本发明需要克服现有偏见，也就是该领域中广泛认为的技术事实上存在的不正确的认识，可以作为创造性成立的依据，但是专利申请人负有举证责任，证明确实存在其所宣称的技术偏见（T 60/82、T 631/89、T 695/90、T 1212/01）。并且认为任何特定领域的偏见应该是该领域中被专家所广泛认可的观点，通常应当通过援引申请日之前出版的文献或百科全书来证实（T 341/94、T 531/95、T 452/96）。一般来说，由于专利说明书或科技文章中的技术内容可能是具有一定的前提或是作者的个人观点，因而一份专利说明书的描述不能够证实技术偏见的存在。在 T 943/92 中，一本专业书籍作为证据证明技术偏见的存在，该书反映了专利申请所处技术领域的认识，其不仅仅包含了特定作者的观点，还囊括了这一领域专家的观点，是由数量众多的已知科学家、技术人员、组织和机构合作得出的书籍，属于令人信服的事实和证据，可以清楚地显示出在相关技术中存在偏离要求保护的发明或者与要求保护的发明相反的教导的一般偏见或者误解，因此其已经足够证明技术偏见的存在。

美国最高法院在 Gore & Associates，Inc. v. Garlock，Inc. 案中指出，“在确定显而易见性时，现有技术教导偏离发明是第二考虑事项和审查员必须客观地考虑的事实调查的内容之一。”现有技术参考文件必须作整体上考虑，即作为一个整体，包括可能偏离要求保护的发明的那部分（W. L. Gore & Associates，Inc. v. Garlock，Inc. [1]）。并且，在确定显而易见性时，“偏离要求保护的发明的教导”的现有技术参考文件是要考虑的重要因素，无论如何，该教导的本质都是极其高度相关的，并且必须进行基本的权衡。已知的显而易见的组合物不能仅仅因为其被描述为在某种程度上劣于某些具有相同用途的其他产品而具有可专利性（In re Gurley[2]）。

在韩国知识产权局审查指南第Ⅲ部分第3 章第8（4）节中指出：如果一件发明中所采用的技术方案是由于受相关领域的技术研究和开发影响产生的技术偏见，从而不被本领域技术人员所使用的技术方案时，并且解决了技术问题，则这种情况可以作为具备创造性的一个指示。

我国《专利审查指南 2010》第二部分第四章第 5. 2 节规定：技术偏见，是指在某段时间内、某个技术领域中，技术人员对某个技术问题普遍存在的、偏离客观事实的认识，它引导人们不去考虑其他方面的可能性，阻碍人们对该技术领域的研究和开发。如果发明克服了这种技术偏见，采用了人们由于技术偏见而舍弃的技术手段，从而解决了技术问题，则这种发明具有突出的实质性特点和显著的进步，具备创造性。例如，对于电动机的换向器与电刷间界面，通常认为越光滑接触越好，电流损耗也越小。一项发明将换向器表面制出一定粗糙度的细纹，其结果电流损耗更小，优于光滑表面。该发明克服了技术偏见，具备创造性。

《专利审查指南 2010》第二部分第二章第 2. 1. 2 节还对克服了技术偏见的发明或实用新型的说明书作出要求：对于克服了技术偏见的发明或者实用新型，说明书中还应当解释为什么说该发明或者实用新型克服了技术偏见，新的技术方案与技术偏见之间的差别以及为克服技术偏见

---

[1] 220 USPQ303（Fed. Cir. 1983）.

[2] 31 USPQ2d 1130，1132（Fed. Cir. 1994）.

所采用的技术手段。

北京市高级人民法院于1999年10月29日印发的《关于审理专利复审和无效行政纠纷案件若干问题的解答（试行）》中提出：符合克服技术偏见的条件时应做到：（1）确有技术偏见存在，即在本领域普通技术人员中普遍存在的带有倾向性的一种看法；（2）要有解决技术问题、克服技术偏见的具体技术手段。

通过比较，可以发现，欧洲、美国以及中国均将克服技术偏见作为判断是否具备创造性的一个很重要的辅助性标准，采用的标准也基本一致，但相关的详细规定均很少。欧洲专利局相关判例中对是否存在技术偏见主要还在于是否有充分的证据证明，并且该证据必须反映在一定时期内普遍存在的技术认识，比如书籍等，因此欧洲专利局上诉委员会所确立的判例法对于认定技术偏见的存在非常严格。

根据上述规定，结合中国具体判例，笔者可以认为通过克服技术偏见导致具备创造性的情形通常需要满足以下几个方面：第一，从本领域技术人员的角度判断是不是技术偏见；第二，判断是不是克服了技术偏见，即是否采用了具体技术手段并解决了技术问题和达到技术效果。而判断是不是技术偏见则应满足以下两个条件：第一，这种技术上的认识是普遍存在于相关领域的；第二，这种认识偏离客观事实。而判断的依据在于通过现有技术的证明，并且根据我国专利审查指南的要求，对于克服了技术偏见的发明或者实用新型，其说明书中还应当解释为什么说该发明或者实用新型克服了技术偏见，新的技术方案与技术偏见之间的差别以及为克服技术偏见所采用的技术手段。

8.1.2 案例解析

【案例8－1】一种混铁车

判断是不是技术偏见应满足技术上的认识应普遍存在于相关领域，

以及这种认识偏离客观事实，判断的依据在于通过现有技术的证明，该证据应当能够证明这种技术认识应该是在申请日之前持续很长一段时间在本领域中普遍存在这种偏离客观事实的认识。

【案例简介】1995 年 11 月 13 日，大连重工公司向原中国专利局提出名称为“一种混铁车”的发明专利申请，该申请于 1999 年 1 月 20 日被授权公告。授权公告的权利要求 1 如下：

1. 一种混铁车，由走行装置、台架、倾翻机构、罐体组成，每辆车有两组台架，台架安放在两套走行装置上，罐体由两端台架托起，倾翻机构装在传动侧台架上，其特征在于上述罐体外形中间为圆筒，两端各有一个支撑圆筒，两者之间用圆锥筒连接焊在一起而成，两端支撑圆筒内装有可拆卸的端盖，支撑圆筒外部装有承重滚圈，传动侧支撑圆筒外部装有链轮，链轮用链条连接倾翻机构。

在专利的说明书中记载有以下内容：原有的鱼雷型混铁车有如下缺点：鱼雷型罐体由于两端不能开盖通风，车体内的高温短时间内不能冷却，而且维修时罐体内的拆砖、废砖运出和新砖运入基本上靠人工体力劳动，无法实现机械化操作，使维修时间过长，作业条件恶劣。该专利罐体两端的支撑圆筒装有可拆卸的端盖，维修时打开端盖，使空气流通，罐内温度下降快，便于检修，拆砖机杆可以通过两端伸进罐体进行拆卸，小型皮带运输机也可进入罐内进行运送砖块，实现了用机器操作代替人工作业，缩短了维修时间。

2002 年 10 月 10 日，鞍钢车辆厂以该专利不符合《专利法》第 22 条第 2 款、第 3 款为由，向专利复审委员会提出无效宣告请求，并提交了证据 1（JP1984 - 209953A）。2003 年 10 月 8 日，专利复审委员会作出第 5544 号无效宣告请求审查决定，其中关于创造性有如下评述：请求人提供的证据 1 公开了一种混铁车，该混铁车的罐体由中间圆筒、圆锥筒和支撑筒三部分构成，封闭装纳铁水空间的盖板安装在圆锥筒内，并且请求人认为：这种盖板只能安装在圆锥筒内，而不能安装在支撑圆筒的端部，否则该混铁车不能正常工作。与证据 1 相比较，该专利的区别技术特征在于支撑圆筒内的两端装有可拆卸的端盖，即该端盖安装在支撑圆筒的端部，这种改进使罐体的中间圆筒、圆锥筒和支撑筒三部分均可用于容纳铁水，由此扩大了装纳铁水空间，因此该专利具有有益的技术效果，同时克服了技术上的偏见，具备创造性。因此，维持该专利权有效。

原告鞍钢车辆厂不服第5544号决定，向北京市第一中级人民法院提起诉讼。北京市第一中级人民法院经审理认为：关于创造性，如果一项发明克服了技术偏见，采用了人们由技术偏见而舍弃的技术手段，从而解决了技术问题，则这种发明具有突出的实质性特点和显著的进步，具备创造性。然而，首先，该专利说明书并未记载现有技术中存在端盖不能安装于支撑圆筒内的技术偏见，该专利的发明目的亦不在于克服技术偏见。其次，专利复审委员会也没有举证证明确实存在这样的技术偏见。再次，该专利的说明书也没有记载该专利与技术偏见之间的差距以及克服技术偏见所采取的手段。如果该专利不存在克服技术偏见的情形，则对于所属领域普通技术人员来说，在对比文件的基础上改变端盖的设置位置，将端盖设置在支撑圆筒内以扩大装纳铁水空间是容易想到的，这种改变不具有突出的实质性特点，也没有意想不到的效果。因此权利要求1不具备创造性。最终，北京市第一中级人民法院作出一审判决，撤销了第5544号决定。

大连重工公司不服一审判决，向北京市高级人民法院提起上诉，上诉理由为：该专利与对比文件相比具备创造性，两者的炉体结构完全不同，该专利在支撑圆筒内装有可拆卸的端盖，有利于提高罐体的整体结构强度，降低了罐体小锥体两侧根部的应力和变形，克服了客观存在的技术偏见，具有突出的实质性特点和显著的进步。

北京市高级人民法院经审理认为：该专利说明书并未记载现有技术中存在端盖不能安装于支撑圆筒内的技术偏见，该专利的发明目的亦不在于克服该技术偏见，大连重工公司仅以对比文件的技术方案没有将端盖安装在支撑圆筒的最外端而主张存在技术偏见的意见，得不到证据的充分支持。

综上所述，北京市高级人民法院作出终审判决，驳回上诉，维持原判。

【案例解析】该案中，关于是否属于技术偏见的判断上，专利复审委员会与法院的观点不同。法院认为，对于克服技术偏见的发明，首先应该在该专利的说明书对现有技术中相关技术偏见的存在有记载，并且应该记载该专利与技术偏见之间的差距以及克服技术偏见所采取的手段；其次对于是否属于技术偏见，仅仅以一篇对比文件没有记载而主张存在技术偏见，而没有充分的证据进行证明，也不应该得到支持。

该案的关键在于申请文件的撰写形式要求以及对于是否属于技术偏见的证明形式和强度。对于申请文件中技术偏见的撰写形式，结合专利审查指南和法院的观点，均认为需要在该专利的说明书中记载相关技术偏见的存在，并且还应记载该专利与技术偏见之间的差距以及克服技术偏见所采取的手段。笔者认为，首先在目前申请人和代理人撰写水平仍不高的情况下，应结合具体国情，对文件形式上的要求不应严格操作，只要能够通过举证的方式证明技术偏见的存在，并且说明书公开充分，就应给予真正具备创新性的发明予以保护，而不应过于拘泥形式上的要求。

而判断属于技术偏见应同时满足技术上的认识普遍存在于相关领域和这种认识偏离客观事实，判断的依据在于通过现有技术的证明，而能够证明属于技术偏见的证据有哪些？根据技术偏见的定义可知，该证据应当能够证明这种技术认识应该是在申请日之前持续很长一段时间在本领域中普遍存在这种偏离客观事实的认识，因此，仅用一篇对比文件而非本领域中具有普遍认知的证据证明技术偏见的存在，自然不符合普遍存在的要求。笔者认为，可以借鉴公知常识的举证形式，即教科书、技术手册、技术词典等本领域公认的观点作为证明技术偏见存在的证据。只要申请人提出了比较充分的证据，则可以认定技术偏见的存在，而对于与申请人对立的另一方，如果要证明技术偏见不存在，只要举出一份现有证据证明即可。

【案例 8－2】一种涂层陶瓷制品

如果该专利中记载了技术偏见，给出了克服技术偏见所采用的技术手段，并且有充分的证据证明该技术上的认识确实属于本领域中的技术偏见，则应认为该专利克服了技术偏见，具备创造性。

【案情简介】该申请涉及一种涂层陶瓷制品，现有技术中直接用铂族金属涂层陶瓷，不能经济地生产适于在高温下和腐蚀环境下使用的具有耐久性的制品。传统的涂层工艺在喷涂时产生应力，由于特殊的使用方式一般限制了涂层厚度，这样的厚度通常不足以达到所需的保护。当涂层工艺能够形成满意厚度的涂层时，其他问题就暴露出来，如附着力、机械强度、完整性或气孔率。该申请所要解决的技术问题是提供一种能够在高温下和腐蚀环境中使用的陶瓷制品，其中权利要求1如下：

1. 一种通过向耐火陶瓷基体的表面上喷涂铂或铂合金以制造用于高温和腐蚀环境中的一种被涂敷的陶瓷制品的方法，其特征在于该喷涂的进行是通过燃烧火焰喷涂将其厚度为150~350微米的一层铂或铂合金涂层喷涂至所述的表面上，随后对该涂层进行机械处理以使该涂层无孔。

同时在说明书中给出了4个带有试验效果的实施例，描述了具体的工艺手段。

对比文件1（GB1242996）公开了一种用等离子体火焰喷涂法将金属涂层材料粉末直接喷涂到陶瓷表面，得到抗渗的、连续的附着到陶瓷表面的涂层（第1页17~23行）。等离子体火焰喷涂的主要步骤包括：喷涂前，先确定被喷涂的粉末粒径范围为20~44微米，然后进行喷涂，并在至少1250℃加热涂层。通过最后的加热步骤使涂层达到不可渗透的状态（第2页25~33行，81~84行），在熔融玻璃测试中涂层表面几乎没有气泡（参见实施例1）。由于等离子喷涂法喷涂速率高，得到的铂或铂基合金粉末涂层附着力强，密度高。同时，在对比文件1的背景技术部分指出，火焰喷涂金属粉末产生不连续性，产生许多可渗透孔隙，与陶瓷表面的附着力差，因而燃烧火焰喷涂粉末的古老方法实际上不适合高熔点金属（如铂）和合金粉末的喷涂。

审查员认为：对比文件1公开了等离子体火焰喷涂法涂敷耐火材料的方法，其中实施例1得到的涂层厚度为101.6~127微米，热处理后涂层密度至少是理论值的 99%，所以所得产品同样是基本上无孔的，另外，喷射硬化、火焰抛光、机械打磨和热处理是所属技术领域的常用手段，均是使涂层致密化，其效果实质上相同，所以该权利要求相对于对比文件 1 与公知常识的结合不具备创造性。

申请人认为：目前本领域普遍存在的观点认为燃烧火焰喷涂粉末的方法实际上不适合高熔点金属和合金粉末的喷涂，并且提供了教科书作为证据，另外在对比文件 1 的背景技术部分也特别提到了火焰喷涂金属粉末产生不连续性，产生许多可渗透孔隙，与陶瓷表面的附着力差，因而燃烧火焰喷涂粉末的古老方法实际上不适合高熔点金属（如铂）和合金粉末的喷涂。因此，本发明克服了技术偏见，在涂层外表面经喷射硬化、火焰抛光或机械打磨后，得到基本上无气孔的涂层，且陶瓷基体和金属涂层之间接触紧密，从而制得适于高温下和腐蚀环境中使用的陶瓷制品，因此该发明具备创造性。

【案例解析】根据前述案例对克服技术偏见的发明的创造性判断标准的理解，对该案作以下分析：对比文件 1 中记载了阻碍本领域技术人员对其技术方案进行改进的描述，即不适于采用燃烧火焰喷涂粉末的方法对高熔点金属（如铂）和合金粉末进行喷涂，同时申请人也提供足够充分的证据（教科书）证明在本领域中这种技术偏见是普遍存在的。由此可知，该发明与对比文件 1 技术领域相同，发明目的基本相同，权利要求 1 的技术方案与对比文件 1 的主要区别在于：该发明采用燃烧火焰喷涂法将一种或多种贵金属或其合金涂层喷涂到耐火陶瓷基体表面上，经机械处理后制得基本上无气孔的涂层。而对比文件 1 采用等离子体火焰喷涂法将金属涂层材料粉末直接喷涂到陶瓷表面。因此，该发明克服了对比文件 1 的现有技术中指出的燃烧火焰喷涂法不适合喷涂高熔点金属（如铂）和合金粉末、涂层表面有许多可渗透孔隙且附着性差的偏见，并且给出了具体的技术手段，使得涂层外表面经喷射硬化、火焰抛光或机械打磨后，得到基本上无气孔的涂层，且陶瓷基体和金属涂层之间接触紧密，从而制得适于高温下和腐蚀环境中使用的陶瓷制品。因此，对比文件 1 不足以影响权利要求 1 的创造性。

8.2 预料不到的技术效果

在创造性的判断过程中，考虑发明的技术效果有利于正确评价发明的创造性。《专利审查指南 2010》第二部分第四章第 3.1 节规定，在评价发明是否具备创造性时，不仅要考虑发明的技术方案本身，还要考虑发明所属技术领域、所解决的技术问题和所产生的技术效果，将发明作为一个整体看待。进一步地，第二部分第四章第 6.3 节还提到："如果发明与现有技术相比具有预料不到的技术效果，则不必再怀疑其技术方案是否具有突出的实质性特点，可以确定发明具备创造性。"

请求保护的发明应当仅限于"产生预料不到的技术效果"的技术方案，即对于产生的技术效果是难以预料的技术方案，可以确定发明具备创造性。但是在实践中有的技术方案相比于现有技术既能起到"预料不到的技术效果"，也能起到"预料之中的技术效果"，这样的技术方案可能被认为不具备创造性也可能被认为具备创造性。对于此种情况，根据"三步法"而得出显而易见性的结论是主观的判断结果，而预料不到的技术效果是客观的证据，如何平衡主观的结果和客观的证据以较准确地判断发明是否具备创造性成为难点之一。可见，对于审查指南中的上述规定不能简单机械地理解为只要产生了预料不到的技术效果即一定具备创造性，预料不到的技术效果并非具备创造性的充分条件。应当注意的是，当以预料不到的技术效果争辩创造性时，该技术效果必须是记载在说明书中的效果或者本领域技术人员能够毫无疑义地确定的技术效果。

此外，预料不到的技术效果往往需要试验数据的支持。申请人有义务在说明书中以试验数据证明而不仅仅是声称发明起到了预料不到的技术效果。但是，限于现有技术的庞杂，申请人不可能了解所有的现有技术，更不可能针对所有的现有技术进行比较试验。这样就会有申请人所比较的现有技术与审查员所检索到的现有技术不同的情况出现。针对这种情况，申请人除了以现有说明书中的证据进行争辩外，可能还会提交新的试验数据。后提交的试验数据是否能作为发明取得预料不到的技术效果的证据，也是审查过程中的难点。

本节试图通过梳理各国对“预料不到的技术效果”的规定，利用案例从上述两个难点出发判断申请人声称的预料不到的技术效果是否能使得发明具备创造性。

8.2.1　比较法分析

在中国，创造性审查基准规定了两个方面的审查内容，即突出的实质性特点（非显而易见性）的审查，和显著的进步（技术效果）的审查。《专利审查指南2010》第二部分第四章第6.3节规定了“如果发明与现有技术相比具有预料不到的技术效果，则不必再怀疑其技术方案是否具有突出的实质性特点，可以确定发明具备创造性”，与美国、欧洲和日本不同，《专利审查指南2010》中并未对预料不到的技术效果与显而易见性之间发生矛盾时，该如何判断创造性作出规定。

在美国，与创造性对应的是非显而易见性（美国专利法35 U.S.C.103）的审查。根据美国专利与商标局审查程序手册第2100章第2141节，判断或审查显而易见性的过程基本可归纳为：

（A）确定现有技术的范围和内容；

（B）确定现有技术和要求保护的技术主题之间的区别；

（C）确定现有技术的一般技术水平，其中引入了所属技术领域的技术人员。在进行显而易见的判断时采用TSM法（教导—启示—动机），这一点与中国类似。

（D）在判断显而易见性时应评估客观证据，也称次级考虑因素。

预料不到的技术效果等作为客观证据即包括在次级考虑因素中。由此可见，在美国审查实践中，具有预料不到的技术效果从属于判断显而易见性这一大前提，它是显而易见性判断过程中必须考量的辅助判断因素，但是并非单独起到创造性判断的决定作用。

欧洲专利局审查指南 G 部分第Ⅶ章第 10 节中将预料不到的技术效果作为创造性判断过程中的次级因素（secondary indicators），其中第 10.2 节中规定：预料不到的技术效果可以作为是否具备创造性的考虑因素。但次级因素只是创造性判断中的辅助考量因素（T 1072/92、T 351/93），在对现有技术启示的客观分析仍然不能提供清晰的结论时，辅助判断因素具有重要性。与美国类似，欧洲专利局上诉委员会也将预料不到的技术效果视为创造性的证据（T 181/82）。如果根据现有技术，技术人员实现权利要求术语范围内的某些事项已经是显而易见的，则因为可以期待有利效果是源自对现有技术文献的教导的组合，即便在获得了（可能是预料不到的）额外效果的情况下，该权利要求也缺乏创造性。如果技术人员为了解决问题的关键部分而对现有技术的教导进行组合是显而易见的，则即便预料不到的额外效果同时解决了问题的另一部分，原则上也不具备创造性（T 170/06）。此外，技术人员应该能根据其目的自由地使用可行的最佳方法，即便所使用的方法导致一些预料中的改进，而如果方法包括多种可能性中的选择，则方法依赖于某项额外效果而具备创造性。在这方面，缺少替代方案可能产生一种导致可预料优点的“单行道”情形，即便存在预料不到的“红利”效果，它仍然是显而易见的（T 192/82）。[1] 可见，欧洲专利局上诉委员会预料不到的技术效果设置为次级考虑因素。

日本特许厅的审查指南第二部分第 2 章第 2.5 节中认为，创造性判定过程中应当考虑相对现有技术的有益技术效果，“当有益的技术效果相比现有技术非常令人预料不到，以致本领域的技术人员无法预知，那么发明是具备创造性的”，但是“应该注意的是，无论是否具有预料不到的有益技术效果，如果本领域的技术人员无可置疑地断定易于获得所请求保护的技术方案，创造性都不应当被接受。”可见，日本特许厅在

[1] 欧洲专利局上诉委员会. 欧洲专利局上诉委员会判例法［M］. 6 版. 北京同达信恒知识产权代理有限公司，译. 北京：知识产权出版社，2016：204－205.

把握创造性的判断标准时，并未一刀切地认定预料不到的技术效果与创造性成立与否具有必然联系，仍然优先判断显而易见性。

可见无论是欧洲专利局抑或是美国、日本，虽然各自的审查指南中的表述略有不同，但是可以认为预料不到的技术效果都只是创造性判断的辅助考虑因素，首先还是要考虑发明相对于现有技术的范畴是否具有突出的实质性特点，即是否非显而易见。只有当发明的显而易见性不明确或者显而易见的结论可能不够准确时，才应当进一步考虑预料不到的技术效果。非显而易见性的判断和预料不到的技术效果不能割裂开来，如果发明产生了预料不到的技术效果，则说明现有技术缺乏解决该预料不到的技术效果所对应的技术问题的技术启示，该发明的得出通常是非显而易见的；但是在少数情况下，当根据现有技术的内容，发明几乎是现有技术的必然发展趋势，显而易见性如此明显，即使产生了预料不到的技术效果，也不能使发明具备创造性（美国的 Pfizer 案，欧洲的 T 231/97、T 170/06）。最极端的情况就是新颖性判断中，当要求保护的发明的技术方案与现有技术实质相同时，即使现有技术完全没有披露其技术效果，发明产生的技术效果难以预料，仍然不会使发明具备新颖性❶。虽然辅助考虑因素对专利权人、申请人有重要意义，但在实践中法院基于辅助考虑因素驳回显而易见性的案例并不多见。

8.2.2　案例解析

【案例8－3】电磁装置❷

当权利要求中的某一技术手段在各方面都明显优于其他的解决方式，

❶ 马文霞，等．“预料不到的技术效果”在创造性判断中的考量［J］．中国发明与专利，2013（2）．

❷ 谢蓉，等．创造性判断中“预料不到的技术效果”的探析［J］．电子知识产权，2010（6）．

以至于本领域技术人员不可避免地必然选择该技术手段，此时即使产生了一些额外的、无法预料的效果，这样的权利要求仍然不具备创造性。

【案例简介】该发明涉及一种继电器上用到的电磁装置。

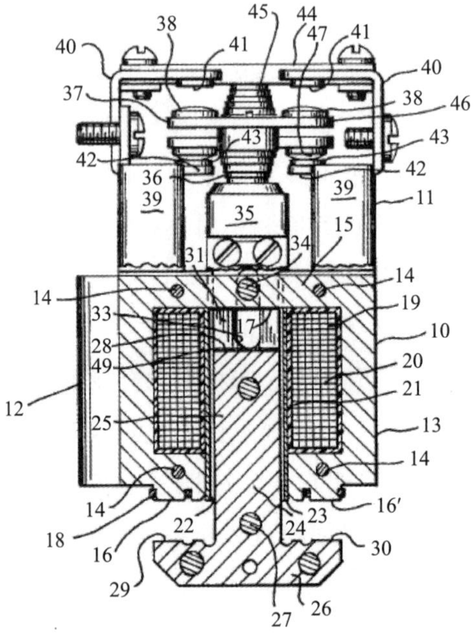

图 8 – 3

在图 8 – 3 中，41、43 是固定触点，38、47 是与衔铁通过弹簧 45 连接的可移动触点。当线圈 20 通电时，衔铁 24 在线圈产生的磁场的作用下被向上吸附使得可移动触点 38 与固定触点 41 接触。

权利要求 1 如下：

1. 一种用于继电器上的电磁装置，其中在衔铁 24 的至少一个中心极面 28 上覆有由耐磨的非电磁材料形成的覆层 49，该耐磨的非电磁材料为碳化钨。

对比文件公开的也是用于继电器上的电磁装置，衔铁的中心极面上也覆有耐磨的非电磁材料形成的覆层，如聚四氟乙烯。该专利申请被欧洲专利局驳回后，申请人提出申诉，其中主张的理由之一是非电磁材料选择为碳化钨具有如下预料不到的技术效果：在设备的使用寿命末期会出现清晰的震颤，而不需要任何进一步的测量。这一技术效果明确地记载在原说明书中。

【案例解析】欧洲专利局上诉委员会认为对比文件公开了中心极面上也覆有耐磨的非电磁材料形成的覆层，但是没有给出选择上述特定材料（聚四氟乙烯）是出于什么原因。本领域的技术人员出于一定的目的从已知材料中选择最合适的材料是常规的技术手段。本领域技术人员公知，相对于目前常规用于电磁装置的磁芯和电枢的材料，碳化钨是现有技术中具有更好耐磨损性能的少数几个材料中的一个，并且它的使用不限于极面不断碰撞的情况，并且可以普遍应用于电磁装置来产生抗腐蚀效果或磁绝缘。而且，已知碳化钨还具有一些相比于用于同样目的的其他材料的一些优点，且相对容易应用。因此，选择碳化钨作为非电磁材料对于本领域的技术人员来说是显而易见的。欧洲专利局上诉委员会认为即使出现上述未曾预料到的额外效果，也仍然不具备创造性。

当权利要求中的某一技术手段在各方面都明显优于其他的解决方式，以至于本领域技术人员不可避免地必然选择该技术手段，此时即使产生了一些额外的、无法预料的效果，这样的权利要求仍然不具备创造性。

【案例8-4】轮胎

当需要解决的技术问题是本领域的共识时，本领域技术人员基于现有技术会立即得到解决该技术问题的技术手段或者现有技术的发展趋势能够明确指引从其他相关领域有目的性地寻找到解决技术问题的手段，由此形成的技术方案即使取得了其他预料不到的技术效果，仍然可能不具备创造性。

【案例简介】该发明涉及一种汽车轮胎，权利要求1如下：

1. 充气轮胎，其特征在于包括：胎体结构；以一定距离间隔的两个侧壁（24）；两个胎圈（18）；辐射配置在胎体结构的胎冠外侧的胎面（15）；辐射插入胎体结构和胎面之间的带结构（26）和具有铁素体高铝TRIPLEX钢的帘线的补强结构。其中所述TRIPLEX钢包括含有以质量百分比计 18% ~28% 锰、9% ~12% 铝和 0.7% ~1.2% C 的一般组成 Fe - xMn - yAl - zC。

申请人在说明书中记载了采用 TRIPLEX 钢所起到的技术效果：与采用 UT 钢、MT 钢的轮胎相比，具有 TRIPLEX 钢胎圈的卡车轮胎可以使整个轮胎重量减少 13%，或减少 500 克。同时，申请人还着重强调轮胎的结构组件（三角胶芯、胎体帘布层、冠带层）和轮胎性能（噪声、操控性、耐久性、舒适性、高速和质量）之间的相关性和复杂性使得出于某一性能目的而使轮胎某一结构被意图改进时，其他性能可能不可接受的退化，即其他性能不可预料。这些功能特性的每一个是否改善、退化或不受影响，以及其程度是不可预料的，申请人认为采用该申请的充气轮胎各项性能优异，取得了出乎意外的、不可预料的效果（见图 8 -4 -1、图 8 -4 -2）。

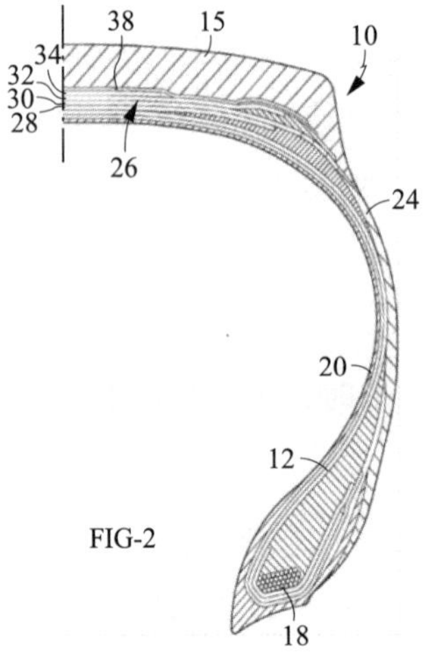

图 8 -4 -1

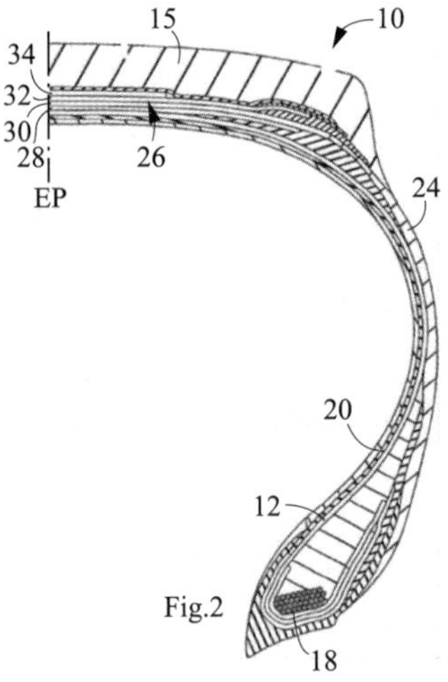

图 8 -4 -2

对比文件 1 是该发明背景技术中提到的一种充气轮胎，二者主要结构上完全相同，区别仅在于补强结构的材料不同。该发明为具有铁素体高铝 TRIPLEX 钢的帘线，而对比文件 1 的补强结构为超拉伸钢（UT 钢）。

此外，对比文件 2 公开了一种可以用于汽车上的低密度高强度的

TRIPLEX 钢，含有以质量计 18% ~35% 锰、8% ~12% 铝和 0.7% ~2% C（即公开了 TRIPLEX 钢的组分），但并未明确用于轮胎。

【案例解析】该发明是在现有轮胎结构（对比文件 1 公开的轮胎）的基础上，通过材料替代，取得了用更少重量获得所需强度，同时其他性能也整体优异的效果。从说明书记载的内容看，申请人在撰写申请文件时已经注意到从“技术效果不可预料”这一角度要求专利性。

《专利审查指南 2010》中根据预料不到的技术效果进行创造性的判断仅有本节开头提到的内容，除此之外并无其他过多解释。而欧洲专利局对此有如下较为细化的规定：如果依据现有技术的发展，将不可避免地以别无选择（如单行道（one - way - street）情形）的方式出现该发明，则此时预料不到的效果仅仅是附带的奖励式效果，不能用作创造性争辩理由。可见欧洲专利局的这一规定与我国有所不同，对于产生了预料不到的技术效果的情况并没有给出绝对性的意见，而是给出了在单行道的情况下，仅以预料不到的技术效果进行创造性的争辩不成立，不具备创造性。

申请人在说明书中提到的轮胎组件和轮胎各种性能之间的相关性和复杂性使得出于某一性能目的而使轮胎某一结构被意图改进时，其他性能可能不可接受或者退化，即其他性能不可预料，这一观点是成立的。在汽车领域，各部件减重是一种发展趋势，因此轮胎的减重是不可避免的。减重过程中，采用机械性能更好材料的帘线（即补强结构）是本领域的发展趋势和必然选择。轮胎帘线的材料从高拉伸钢（HT 钢）和超级拉伸钢（ST 钢）改进到 UT 钢即是沿着这样的技术发展路线。而 TRIPLEX 钢作为一种新的材料，其机械性能优良、密度轻，是车辆减重过程中代替传统钢材料的一种趋势。依据汽车领域的发展趋势，对于轮胎的减重，不可避免或者说是本领域技术人员会自然地选择这种新型钢材制作的帘线钢丝作为解决技术问题的手段。而由此带来的预料不到的技术效果（具体到该案，达到预期减重的同时其他性能也在可接受范围内），只是附带的奖励式效果。因此，该发明相对于两篇对比文件不具备创造性。

进一步从本领域技术人员还原发明的实现过程加以分析。出于现有的车辆轻量化需求，会希望对轮胎进行减重，而现有技术中的轮胎帘线结构经历了从 HT 钢、ST 钢到 UT 钢的改进，即用一种机械性能好的代替另外一种机械性能稍差的材料。因此，本领域技术人员为了实现轮胎的减重，会沿着这一技术路径，寻找新型材料进行替代。在本领域中，代替传统钢材用于车辆减重的 TRIPLEX 钢作为一种新型的低密度和优良的机械性能的材料自然地进入本领域技术人员的视野。本领域技术人员能够预期采用这种低密度高强度的 TRIPLEX 钢制造的帘线补强结构能够起到满足强度需要、降低重量的技术效果，因此会将其用于作为轮胎的帘线补强结构。并且，由于也需要考虑轮胎的其他性能，本领域技术人员势必会根据试验规范对改进的轮胎进行测试，由此发现其他性能处于改进或可以接受程度。至此，完成了出于减重为目的的发明。整个发明过程并不需要付出创造性的劳动。可见由此带来的预料不到其他可以接受的性能，只是附带的奖励式效果。

在欧洲专利局的 T 936/96 案例中，上诉委员会认为：实际的技术问题一旦被提出，本领域技术人员基于相关现有技术会立即得到解决该技术问题的技术方案，则这一技术方案不具有创造性。该结论不会由于该发明还可以解决其他技术问题而改变，并且产生预料不到的技术效果也不被认为是创造性的体现。在该案中，所解决的技术问题是减重，并且该技术问题也正是本领域更加迫切需要解决的。而现有技术的发展趋势能够明确指引从新型钢材（TRIPLEX 钢）处获得解决这一技术问题所采用的技术手段。基于该明确的指向，本领域技术人员必然会立即选择该技术手段。此时即使能够获得其他技术效果，也只能作为奖励式效果而不能认可其创造性。

该案例的典型之处在于对比文件 2 恰好公开了材料成分，如果对比文件 2 给出的 TRIPLEX 钢，某一成分的范围与该发明不同，例如假设对比文件中 C 为 0.4% ~2%，此时该如何判断创造性？倾向于对不同情况区别对待：

（1）如果说明书中有明确的与使用对比文件 2 中的 TRIPLEX 钢进行的对比试验，能够证明使用该发明的 TRIPLEX 钢构成的帘线性能远好于使用对比文件 2 中的 TRIPLEX 钢带来的性能，并且差异成分在本领域中对该优异性能的影响并非公知的情况下，倾向于接受具备创造性；如果本领域中由差异成分对性能（效果）的影响是可以预期的情况下，即能判断出预料不到的技术效果是由该差异成分引起的，此时仍倾向于不具备创造性。

（2）如果说明书中有明确的对比试验，但该试验并非针对对比文件 2 中的 TRIPLEX 钢进行的，则审查员仍然可以对比文件 2 给出了应用启示质疑该发明不具备创造性。此时，如果申请人补充试验数据能够证明相对于对比文件 2 的 TRIPLEX 钢起到了预料不到的技术效果，则倾向于接受具备创造性。

在机械领域，由结构带来的技术效果可预见性较高，而由材料组成带来的技术效果相对较低。在遇到申请人以预料不到的技术效果而争辩创造性时，应注意以下几方面：

（1）预料不到的技术效果应当是明确记载或者隐含在说明书中记载的技术效果，并且应该是请求保护的权利要求中的主题所带来的，而非说明书中的一些附加内容带来的。

（2）必要时预料不到的技术效果应该有确切的试验数据的支撑。申请人在以预料不到的技术效果证明该发明具备创造性时，有义务在说明书中提供对比试验的证据证明其相对于现有技术或者现有技术的改进取得了预料不到的技术效果。如果仅仅是泛泛地提及而无相应证据，审查员应有质疑的空间。

（3）关于补充试验数据以证明取得了预料不到的技术效果的情况，应具体情况具体对待。当专利申请人欲通过提交对比试验数据证明其要求保护的技术方案相对于现有技术具备创造性时，接受该数据的首要前提是必须针对在原申请文件中明确记载的技术效果。由于申请日后补交的实验数据不属于专利原始申请文件记载和公开的内容，公众看不到这些信息，如果这些实验数据也不是该发明的现有技术内容，在专利申请日之前并不能被所属领域技术人员所获知，申请人也并不能证实该技术效果在申请日时便已获得，有违专利先申请制原则，以这些实验数据为依据认定技术方案能够达到并未记载在说明书中的技术效果，背离专利权以公开换保护的制度本质，并且加入新的效果可能产生一项新的发明，会超出原申请记载的范围。

第 9 章

实用新型创造性判断

实用新型是对产品的结构、形状及其结合所提出的适于实用的、新的技术方案。自 1891 年德国制定并颁布世界上第一部实用新型法以来，日本、韩国和中国台湾等 47 个国家和地区先后接纳和制定了实用新型制度。早期的实用新型制度是用于弥补发明和外观设计保护的不足，是一种介于这两者之间的专利保护制度，弥补了产品技术造型保护上的这种漏洞。随着科学技术迅猛发展以及各国对知识产权的保护日趋增强，实用新型制度不仅没有消亡，反而日渐展现出旺盛的生命力，逐步发展为一种重要的知识产权保护制度。

总体上讲，各国的实用新型制度都表现出以下特点：①实用新型的保护客体是一种产品的新的技术方案，凡是不具有一定形状和构造的产品不能申请实用新型，产品的制作方法也不能申请实用新型专利。②由于实用新型的实用性较强，具有易于实施和产品更新周期短等特点，实用新型较发明的保护期短。③大多数国家对实用新型仅要求具有相对新颖性，对创造性的要求也比发明低。④实用新型的审查程序一般比发明专利的审查程序简单，多数国家对实用新型采用形式审查或初步审查制度。⑤实用新型可以作为优先权基础，进一步申请发明或者实用新型，甚至包括外观设计。这种转换关系为申请人提供了便利。

从上述实用新型制度的特点可以看出，一方面，由于实用新型具有程序简单、获权容易快捷、费用低廉、保护期限短等特点，因此非常有利于鼓励和促进个人和中小企业进行发明创造，有利于开发具有自主知识产权的产品，起到促进本国中小企业及国民经济发展的作用。但是，另一方面，由于实用新型的审查程序一般比发明专利的审查程序简单，多数国家对实用新型采用形式审查或初步审查，这也导致这些国家的实用新型存在创造性水平高低不一、权利不稳定、确权困难的缺陷。为解决上述问题，各国逐步探索和建立了实用新型检索报告或专利权评价制度，上述制度有效解决了实用新型专利权不稳定、涉及侵权纠纷时确权困难的问题，同时可以防止实用新型专利权人滥用权利。

针对实用新型的创造性问题，考虑到设立实用新型制度的初衷，多数国家也制定了不同于发明创造性的创造性判断标准。例如：

德国在1986年修改的实用新型法中，首次明确规定实用新型必须满足“创造性步伐”的要求，立法者意在区别于专利法中对发明应当符合“创造性活动”的要求。德国专利法第4条却明确规定“创造性活动”是指“相对于现有技术对普通技术人员来说是非显而易见的”。但是，在实用新型法中并没有对“创造性步伐”的概念给出进一步的规定。德国实用新型法意义上的“已有技术”的范围比发明中的范围较窄，“所属领域技术人员”的技术水平比发明中的技术水平较低。

日本对于发明以及实用新型的创造性作了不同规定，体现在二者的定义不同及创造性判断的具体标准不同。关于定义，日本规定发明必须是高度的创造，而设计（实用新型）只要是创造就可以，并不一定需要是“高度的”。关于创造性的具体标准，日本规定实用新型的“创造性”是以所属技术领域的普通技术人员“不是极其容易”完成的，而对发明“先进性”的要求是以所属技术领域的普通技术人员“不是容易”完成的。在实践中，合理地判断是否是“极其容易”的参考标准有：（1）虽然达不到发明的创造性的判断标准，但若超过同行根据公知技术当然可以想到的程度（显而易见），该实用新型具备创造性。（2）实用新型的技术领域分为直接所属领域和间接所属领域，在直接领域中具备新颖性，但在间接领域中无新颖性时，实用新型不具备创造性；只有在间接领域中也具备新颖性时，实用新型才具备创造性。

韩国、中国台湾对创造性的要求与日本类似。韩国规定发明的创造性用所属技术领域的普通技术人员不经过创造性劳动是否“容易”制造来判断；实用新型用所属技术领域的普通技术人员不经过创造性劳动是否“极容易”制造来判断。中国台湾规定发明的创造性“为其所属技术领域中具有通常知识者依申请前之先前技术所能轻易完成时”，而关于实用新型为“显能轻易完成”。但是，无论是韩国的“容易”和“极容易”，还是中国台湾的“容易”和“明显容易”，在法律中均没有规定，在审查实践中存在难度。

由于产品的结构、形状及其结合与机械制造、加工有密切的关联性，因此，机械领域的实用新型专利申请和专利占了实用新型总量相当大的比重。根据国家知识产权局发布的2013年统计年报，IPC分类主要涉及机械领域的B部和F部的实用新型申请量为总量883820件的43.0%，如果加上A部的19.5%，则数量和比例更大。同期，授予专利权的B部和F部的实用新型占总量692845件的44.4%，A部占17.5%。在我国现阶段的实务中，对实用新型创造性的判断，通常在实用新型被授予专利权之后，其主要通过两类程序来体现：一是实用新型检索报告、专利权评价报告，二是无效宣告请程序。由于专利法对发明和实用新型的创造性标准的规定存在不同，但是现有的法律法规上述不同没有能够给出足够清楚的阐释，导致在面对实用新型创造性判断的问题时，没有确定的判断标准以得出准确的结论。本章将针对上述问题，梳理主要国家和地区关于实用新型创造性的规定，并尝试提出适于操作的实用新型创造性判断方法。

我国《专利法》第22条第3款规定：发明的创造性，是指与现有技术相比，该发明具有突出的实质性特点和显著的进步；实用新型的创造性，是指与现有技术相比，该实用新型具有实质性特点和进步。我国对发明和实用新型的创造性标准在法律上规定了区别，对发明的实质性特点要求是“突出的”，对其进步的要求是“显著的”，而对于实用新型则缺少“突出的”和“显著的”要求。可见，实用新型专利创造性的标准应当低于发明专利创造性的标准，二者存在区别。

然而，尽管从法律上规定了实用新型与发明的区别，但我国现有的法律法规并未就实用新型的创造性判断标准给出进一步规定，而是基于发明的创造性标准给出了可以参照的规定。例如，《专利审查指南2010》第四部分第六章第4节规定：“在实用新型专利创造性的审查中，应当考虑其技术方案中的所有技术特征，包括材料特征和方法特征。实用新型专利创造性审查的有关内容，包括创造性的概念、创造性的审查原则、审查基准以及不同类型发明的创造性判断等内容，参照审查指南第二部分第四章的规定。”

《专利审查指南2010》第四部分第六章第4节还规定，对于实用新型与发明在创造性的判断标准上的不同，主要体现在现有技术中是否存在“技术启示”，这也是包括发明在内的创造性判断的难点。在判断现有技术中是否存在技术启示时，发明专利与实用新型专利存在区别，这种区别体现在下述两个方面：

（1）现有技术的领域

对于发明专利而言，不仅要考虑该发明专利所属的技术领域，还要考虑其相近或者相关的技术领域，以及该发明所要解决的技术问题能够促使本领域的技术人员到其中去寻找技术手段的其他技术领域。

对于实用新型专利而言，一般着重于考虑该实用新型专利所属的技术领域。但是现有技术中给出明确的启示，例如现有技术中有明确的记载，促使本领域的技术人员到相近或者相关的技术领域寻找有关技术手段的，可以考虑其相近或者相关的技术领域。

（2）现有技术的数量

对于发明专利而言，可以引用一项、两项或者多项现有技术评价其创造性。

对于实用新型专利而言，一般情况下可以引用一项或者两项现有技术评价其创造性，对于由现有技术通过“简单的叠加”而成的实用新型专利，可以根据情况引用多项现有技术评价其创造性。

根据上述规定，我们认为，实用新型与发明的创造性标准区别主要体现在以下几个方面：

（1）现有技术的技术领域的宽窄；

（2）本领域技术人员的知识和能力的高低；

（3）技术启示的强弱；

（4）有益效果的大小；

（5）现有技术数量的多少。

9.1　技术领域的影响

技术领域是准确判断实用新型创造性的前提。无论是发明或实用新型，根据技术方案与技术领域的关系，都可以将技术领域分为三个层级：（1）所属的技术领域（也称相同的技术领域）；（2）相近或相关的技术领域；（3）其他技术领域。根据审查指南对实用新型技术领域的规定，上述三个层级的技术领域被考虑的程度不同：所属的技术领域在任何情况下都应该考虑。相近或者相关的技术领域只有在现有技术给出明确的启示时才考虑。而其他技术领域一般不考虑，特殊情况除外，例如通过“简单的叠加”而成的实用新型专利。但是，审查指南并未明确规定如何判断技术领域是相同技术领域、相近或相关技术领域以及其他技术领域，因此，有必要进一步明晰有关技术领域的概念。

《专利审查指南2010》第二部分第二章第2.2.2节规定：“发明或者实用新型的技术领域应当是要求保护的发明或者实用新型技术方案所属或者直接应用的具体技术领域，而不是上位的或者相邻的技术领域，也不是发明或者实用新型本身。”该具体的技术领域往往与发明或者实用新型在国际专利分类表中可能分入的最低位置有关。随着科学技术的不断发展，各个门类的交叉渗透越来越多、越来越强，对范围的界定并非易事。例如，一部智能手机，具有通信（电话、短信）、照相机、摄像机、录音机、广播、音乐播放器（MP3）和导航等多种功能，其究竟属于手机领域，还是摄影摄像领域或是导航仪领域？此外，具有通信功能的平板电脑本身就是作为跨界产品出现的，其究竟属于便携式电脑领域，还是智能手机领域？因此，技术领域应当有明确的判断对象。对于发明和实用新型而言，技术领域的判断对象是要求保护的发明或者实用新型技术方案，即以权利要求书中限定的内容为准。在此基础上，要考虑说明书记载的内容，包括说明书记载的背景技术、技术问题、技术效果乃至具体实施方式的内容，结合技术方案所实现的技术功能、用途加以确定。应当注意到，虽然技术领域与国际专利分类表紧密相关，但是由于国际专利分类表的目的及分类原则与创造性判断的出发点并不一致，因此，专利在国际专利分类表中的最低位置对其技术领域的确定具有参考作用。

关于技术领域的判断，最高人民法院在（2011）知行字第 19 号裁定书中指出："技术领域的确定，应当以权利要求所限定的内容为准，一般根据专利的主题名称，结合技术方案所实现的技术功能、用途加以确定。"专利在国际专利分类表中的最低位置对其技术领域的确定具有参考作用。相近的技术领域一般指与实用新型专利产品功能以及具体用途相近的领域，相关的技术领域一般指实用新型专利与最接近的现有技术的区别技术特征所应用的功能领域。由于实用新型与发明的创造性高度不同，且更偏向于工业实用，因此，对于最高人民法院给出的判断技术领域的方法，我们认为是合适的。

【案例 9 –1】裁剪机磨刀机构中斜齿轮组的保油装置

技术领域是要求保护的发明、实用新型所属或者应用的具体技术领域，既不是上位的或者相邻的技术领域，也不是发明或者实用新型本身。确定发明或者实用新型所属的技术领域，应当以权利要求所限定的内容为准，一般根据专利的主题名称，结合技术方案所实现的技术功能、用途加以确定。

【案例简介】该专利涉及一种裁剪机磨刀机构中斜齿轮组的保油装置，其权利要求1如下：

1. 一种裁剪机磨刀机构中斜齿轮组的保油装置，其特征在于在斜齿轮位置（2）和中间齿轮位置（3）的周围位置设有档油围壁（4），围壁（4）上留有供其内的中间齿轮与其外的传动齿轮啮合的缺口（见图9－1－1）。

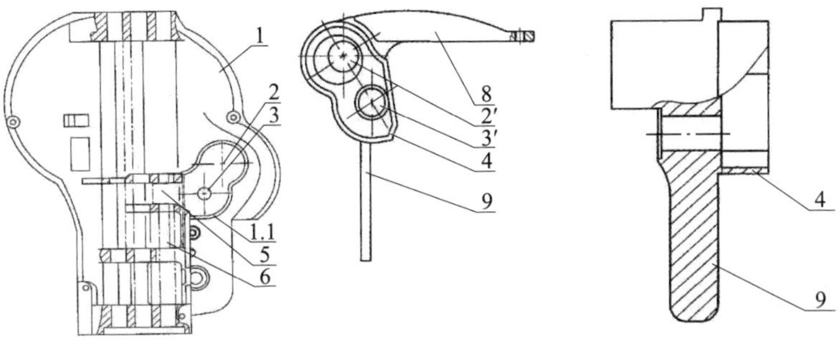

图9－1－1

现有技术存在一篇对比文件1（US3672586），其中公开了如下内容：绕线机中的齿轮润滑部分，其中具体披露了如下技术内容：抛油环160通过与齿轮146匹配驱动，并且通过护罩200（图3至6）封闭，其限定了从机油箱162获得的润滑剂并且反映了润滑剂旋转式喷洒齿轮146及150，并且因此向上移动。更特别的是，该护罩200适宜且严格地与基架支撑物198（图4）固定起来，并且沿着抛油环160有直接向前部分200A扩展至机油箱162中，该抛油环带有圆柱形部件200B，从部件200A向上伸展，并且从齿轮150封闭隔开。护罩200也有一通用的圆柱形向后的圆弧片200C，可从抛油环160向外扩展，并且接近齿轮146空隙。抛油环160，齿轮146及150，以及扩罩200提供了操作工具，从由机油箱162供应源中获得润滑油，并且以喷雾状态喷出润滑剂，或者注入抛油环或通过第一输送管202发出喷雾润滑剂（参见对比文件1中文译文第6页第2段，附图3至6）。对比文件1中护罩200的正前部200A、圆柱部200B、后圆弧部200C共同包裹其内的齿轮组，防止齿轮上的润滑油飞溅四散，就相当于权利要求1中的“档油围壁”；

齿轮146就相当于权利要求1中的“中间齿轮”；齿轮160就相当于权利要求1中的“斜齿轮”；圆柱部200B的上顶点和后圆弧部200C的上顶点之间存在开口，从而使齿轮和螺纹联接，从附件5－1的译文及附图，可以确定上述螺纹是螺杆上带有的螺纹，该开口就相当于权利要求1中的缺口。该专利权利要求1的技术方案与对比文件1的区别在于：(1)该专利权利要求1的技术方案针对的是裁剪机磨刀机构，对比文件1技术方案的应用环境是绕线机；(2)该专利的中间齿轮是与外部的传动齿轮啮合，而对比文件1中的齿轮146是与带有螺纹的传动螺杆相配合工作的（见图9－1－2）。

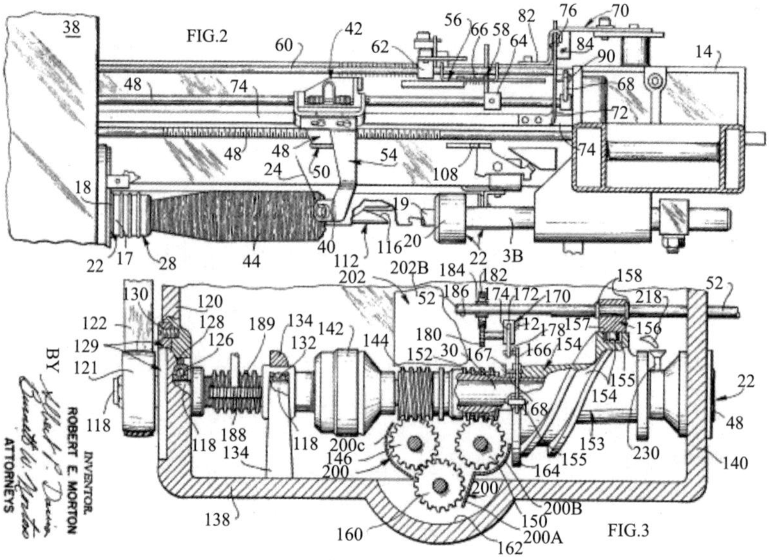

图9－1－2

对比文件1中护罩200相当于该专利权利要求1中的“档油围壁”；对比文件1的齿轮146相当于该专利的权利要求1中“档油围壁”内的“中间齿轮”；齿轮160就相当于权利要求1中“档油围壁”内的“斜齿轮”；对比文件1圆柱形部件200B的上顶点和后圆弧片200C的上顶点之间存在的开口就相当于该专利的权利要求1中的缺口。该专利的权利要求1的技术方案与对比文件1在齿轮传动方式上存在不同，但二者的齿轮传动方式均是所属技术领域中的惯用技术手段。此外，该专利是裁剪机磨刀机构中斜齿轮的保油装置，对比文件 1 为绕线机中润滑装置。

【案例解析】该案的焦点问题在于：该专利的权利要求 1 与对比文件 1 相比是否属于相同的技术领域。

该专利说明书在“发明内容”中载明：“本实用新型由于在斜齿轮组的周围设置了围壁，将飞溅的润滑油保留在斜齿轮的周围，使斜齿轮组保持了良好的润滑，磨刀噪声明显降低，同时降低了能源损耗，延长斜齿轮的使用寿命，还可防止被裁剪的布料被污染。”在“具体实施方式”中载明：“为了防止传动杆齿轮将围壁内的润滑油甩出，在该齿轮位置 5 处上方设置一弧面盖板 7”。

关于技术领域，一种观点认为，由于该专利与对比文件 1 的国际分类号不同，二者既不是相同的技术领域，也不是相近或相关的技术领域，因此对比文件 1 不能用作评判本实用新型专利创造性的对比文件。但是，最高人民法院认为：技术领域是要求保护的发明或者实用新型所属或者应用的具体技术领域，不是上位的或者相邻的技术领域，也不是发明或者实用新型本身。确定发明或者实用新型所属的技术领域，应当以权利要求所限定的内容为准，一般根据专利的主题名称，结合技术方案所实现的技术功能、用途加以确定。对比文件 1 公开的技术内容涉及绕线机润滑系统的润滑问题，该专利的技术方案是要解决裁剪机磨刀机构中斜齿轮组的保油润滑问题。虽然绕线机属于纺织机械，裁剪机属于服装机械，二者在应用环境上有区别，但该专利和对比文件的技术方案均涉及机械系统的润滑问题，属于相同的技术领域。因此，将对比文件 1 作为判断该专利创造性的对比文件，并无不妥。

关于技术特征，该专利为一种裁剪机磨刀机构中斜齿轮组的保油装置，根据本专利权利要求书和说明书，为了实现其发明目的，该专利在斜齿轮位置和中间齿轮位置的周围设置了档油围壁，将飞溅的润滑油保留在斜齿轮的周围；在围壁外的传动齿轮位置上设置了弧形盖板，防止围壁内的润滑油甩出。从对比文件 1 所公开的润滑系统的技术特征来看，其与该专利实际要解决的技术问题和所产生的技术效果并不相同。对比文件1中由抛油环160，齿轮146、150，护罩200以及挡板206等构成的润滑系统的主要作用是从机油箱162获取润滑油，并将润滑油输送到需要润滑的部件，设置护罩200的直接向前部分200A、圆柱形部件200B、后圆弧片200C以及挡板206的主要目的就是为上述技术功能服务的。为此，护罩200设置了进油口，以从机油箱获取润滑油，挡板206设置了出入口204，以接收润滑油。由于该专利与附件5－1所要解决的技术问题并不相同，因此所达到的技术效果也不同，该专利的技术特征所达到的技术效果是将润滑油保持在齿轮周围不外漏，实现齿轮的良好润滑和防止润滑油污染布料；护罩200和挡板206所起到的技术效果是将润滑油输送出去，而不是保持在齿轮周围不外漏。

关于技术启示，对比文件1公开的润滑系统的技术方案所要解决的主要技术问题是有效输送润滑油，以实现对绕线机的内部构件进行润滑，而不是该专利中的防止润滑油飞溅污染布料，二者解决的技术问题并不相同。对于本领域技术人员而言，在看到对比文件1所公开的技术方案基础上，无动机将其润滑系统中的护罩200和挡板206的技术特征加以改进后，应用到裁剪机磨刀机构中，以解决本专利所要解决的防止润滑油飞溅，将润滑油保持在斜齿轮周围的技术问题。因此，对比文件1对于本领域技术人员来讲，不存在促使其获得该专利所请求保护的技术方案的技术启示。

综上可知，该专利权利要求1请求保护的技术方案相对于对比文件1是非显而易见的，具有实质性特点和进步，具备《专利法》第22条第3款规定的创造性。

【案例9－2】细木工板

判断实用新型是否具备创造性，首先要判断该实用新型专利和对比文件是否属于相同的技术领域、相近或相关的技术领域，或者属于不同的技术领域。在此基础上，才能对现有技术是否给出采用区别技术特征解决该技术问题的技术启示作出准确的结论。

【案例简介】该申请涉及一种细木工板，其要解决现有技术中板材利用率低、使用不充分和寿命短的技术问题，其权利要求1如下：

1. 一种细木工板，由面皮板（1）、中芯板（2）及芯板（3）组成；其中，芯板（3）设于最里层，面皮板（1）设于最外层，面皮板（1）和芯板（3）之间为中芯板（2）；其特征在于：芯板（3）为多块凸形板以正反形式拼接结构（见图9－2）。

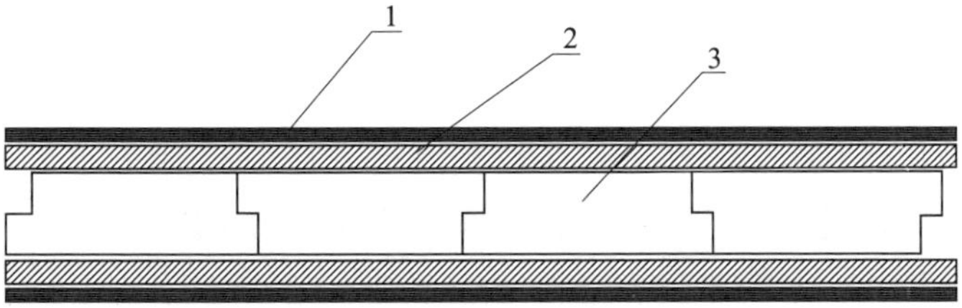

图9－2

现有技术中有一份对比文件1（《林业工业手册》，本书编写组，中国林业出版社，1984年10月。细木工板一章、细木工一章），其在不同的章节记载了相关内容：

对比文件1在“细木工板”一章公开了“细木工板的中板（相当于该专利的芯板）是用各种结构的拼板构成的，两面胶贴二层单板”等技术内容。其构成了与该专利最为接近的现有技术，将对比文件1的上述内容与该专利权利要求1相比，其区别仅在于：对比文件1的细木工板只是公开了细木工板的中板用各种结构的拼板构成，没有具体公开该专利权利要求1中的“芯板为多块凸形板以正反形式拼接结构”这一技术特征。基于上述区别技术特征，该专利实际所要解决的技术问题是如何提高板材的强度和使其不易变形。

对比文件1的“细木工”一章涉及细木工中的拼板，其中具体公开的六种结构拼板中就包括多块凸彩板以正反形式拼接的结构。且“细木工”一章明确记载了其目的是减少拼板的翘曲，提高其强度。该章节还举例说明了其拼板可用于制作门板。

在上述事实的基础上，合议组最终认定：细木工与细木工板同属于木材加工领域，并且两者要经常用到各种结构的拼板，在制作细木工板中，本领域普通技术人员考虑到要解决其中板强度不够高、易变形的同时，很容易想到在同样是经常使用拼板结构的“细木工”中寻找或借鉴具有能解决所述技术问题的相应结构的拼板。在同一技术手册列出了几种效果相同的拼板结构的情况下，将“细木工”一章所公开的常识性技术应用到“细木工板”一章中，从而获得该专利权利要求 1 所请求保护的技术方案，对所属领域的技术人员来说是显而易见的。因此，权利要求 1 不具备创造性。

【案例解析】在创造性判断中，该案涉及两个问题，其一是“细木工”和“细木工板”是否属于同一技术领域。其二是对比文件 1 是否给出了将“细木工”一章公开的“芯板为多块凸形板以正反形式拼接结构”与“细木工板”一章公开内容的技术启示。

关于第一个问题，有观点认为：对比文件 1 的“细木工”一章涉及细木工，“细木工板”一章涉及细木工板，细木工板与细木工两者不属于同一技术领域，细木工是产品，而细木工板是生产细木工的原料，由于产品与生产该产品的原料之间缺乏可比性，因此二者是不同的技术领域，不同领域的技术人员不能将有关细木工的技术启示应用到细木工板的领域中。

对此，根据前文对技术领域概念的论述，细木工板是基于细木工的操作工艺、作业程序加工出来的产品，其与细木工的操作工艺、作业方法一道构成了细木工的主要内容，细木工板也是细木工的具体应用，二者同属于木材加工领域。

对于第二个问题，由于细木工和细木工板二者都要经常用到各种结构的拼板，在制作细木工板中，本领域普通技术人员考虑到要解决其中板强度不够高、易变形的同时，很容易想到在同样是经常使用拼板结构的“细木工”中寻找或借鉴具有能解决所述技术问题的相应结构的拼板。对比文件 1 的“细木工”一章具体披露的六种拼板的结构包括“当块凸形板以正反形式拼接的结构”，而且也明确记载了所述结构的拼板的目的也是提高板材的强度和使其不易变形，其与该专利所起的作用相同。由此可见，对比文件1的“细木工”一章的内容已经给出了该实用新型专利所要解决的上述技术问题的启示。虽然其涉及细木工中应用的拼板结构，但细木工与细木工板同属于木材加工领域，两者属于同一技术领城，并且又都出自于同一技术手册，特别是在对比文件1的“细木工板”一章中已经指明中板可采用“各种结构的拼板”，而在同一技术手册中又列出了几种效果相同的拼板结构的情况下，将二者结合从而获得该专利权利要求1所请求保护的技术方案，对所属领域的技术人员来说是显而易见的，不存在任何技术上的困难，无须付出创造性的劳动，而且并未带来预料不到的技术效果。故该专利权利要求1相对于对比文件1两章内容的结合不具有实质性特点和进步，不具备创造性。

该案的关键在于现有技术中是否给出了运用区别技术特征解决该专利实际要解决的技术问题的启示，但前提是第一个问题的解决，即细木工和细木工板是否属于相同的技术领域。正是由于二者属于相同的技术领域，考虑到对比文件1存在明确的技术启示，才能得出权利要求1不具备创造性的结论。因此，在判断实用新型是否具备创造性的过程中，应当将技术领域的判断放在优先位置。

9.2 判断主体的影响

实用新型的本领域技术人员与发明的本领域技术人员的知识和能力并不相同。《专利审查指南2010》第二部分第四章将本领域的技术人员定义为：“所属技术领域的技术人员，也可称为本领域的技术人员，是一种假设的‘人’，假定他知晓申请日或者优先权日之前发明所属技术领域所有的普通技术知识，能够获知该领域中所有的现有技术，并且具有应用该日期之前常规实验手段的能力，但他不具有创造能力。如果所要解决的技术问题能够促使本领域的技术人员在其他技术领域寻找技术手段，他也应具有从该其他技术领域中获知该申请日或优先权日之前的相关现有技术、普通技术知识和常规实验手段的能力。”

本领域技术人员作为发明创造性判断的主体，这一概念的提出，对客观把握创造性标准发挥了重要作用，使得不同人在判断创造性时能够站在同一水平线上。但是，该本领域技术人员的概念是针对发明提出的，而上述概念能否运用到实用新型创造性的判断中呢？我们认为，答案是否定的。这是因为，发明的本领域技术人员具有这样的能力：如果所要解决的技术问题能够促使本领域的技术人员在其他技术领域寻找技术手段，他也应具有从该其他技术领域中获知该申请日或优先权日之前的相关现有技术、普通技术知识和常规实验手段的能力。而实用新型的本领域技术人员并不具备这样的能力，因为只有当现有技术中给出明确的启示，促使本领域的技术人员到相近或者相关的技术领域寻找有关技术手段的，才考虑其相近或者相关的技术领域。因此，即使其他技术领域给出了解决某个技术问题的明确的启示，也不能基于该其他技术领域的现有技术评价实用新型技术方案的创造性。审查指南在规定实用新型的创造性判断标准时，既采用了本领域技术人员的表述，又将启示限于相近或者相关技术领域给出的明确启示，实际上存在一定的矛盾之处。事实上，审查指南并未规定与实用新型相关的本领域技术人员的概念。在这种情况下，有人提出以下观点[1]：他是一种假设的“人”，假定他知晓申请日或者优先权日之前实用新型所属技术领域所有的普通技术知识，能够获知该领域中所有的现有技术，并且具有应用该日期之前常规实验手段的能力，但他不具有创造性能力。如果现有技术中给出明确的启示，促使本领域技术人员到相近或相关的技术领域寻找有关技术手段，他也应具有从该相近或相关的技术领域中获知该申请日或优先权日之前的相关现有技术、普通技术知识和常规实验手段的能力。需要指出的是，由于上述概念并没有在审查指南中规定，其不具有强制约束力，

---

[1] 方婷，等．简析实用新型和发明创造性标准的区别［J］．审查实践与研究，2012（1）．

但比较发明和实用新型的本领域技术人员的概念，上述表述确实更贴近实用新型创造性判断的实际情况。

9.3 技术启示的考虑

对发明来说，技术启示可以来源于所属的技术领域、相近或相关的技术领域，当如果所要解决的技术问题能够促使本领域的技术人员在其他技术领域寻找技术手段，技术启示也可能来源于其他技术领域。上述技术启示可以是文字明确记载的内容，或者是本领域技术人员能够直接地、毫无疑义地确定的内容，也可以是本领域的技术人员基于其掌握的知识和能力，通过合乎逻辑的分析、推理或有限的试验得到的内容。

对于实用新型来说，技术启示的范围则显著缩小。在所属的技术领域中，技术启示可以是文字明确记载的内容，或者是本领域技术人员能够直接地、毫无疑义地确定的内容，也可以是本领域的技术人员基于其掌握的知识和能力，通过合乎逻辑的分析、推理或有限的试验得到的内容。在相近或相关的技术领域中，技术启示仅限于明确的记载，即文字明确记载的内容，或者是本领域技术人员能够直接地、毫无疑义地确定的内容。而对于其他技术领域，即使有明确的记载，也不能认为存在技术启示。同时，由于实用新型的本领域技术人员的知识和能力低于发明，就直接地、毫无疑义地确定的内容而言，与发明也存在差别，在实践中需要仔细斟酌和把握。

【案例9－3】藕煤炉面板

当权利要求限定的技术方案与对比文件公开的技术方案之间存在结构上的区别，并且由于这种结构上的区别使该权利要求具有与现有技术不同的功能，能够实现不同的目的，现有技术或者公知常识也没有给出能够实现权利要求所述技术方案的任何技术启示，则该权利要求具备创造性（见图9－3－1）。

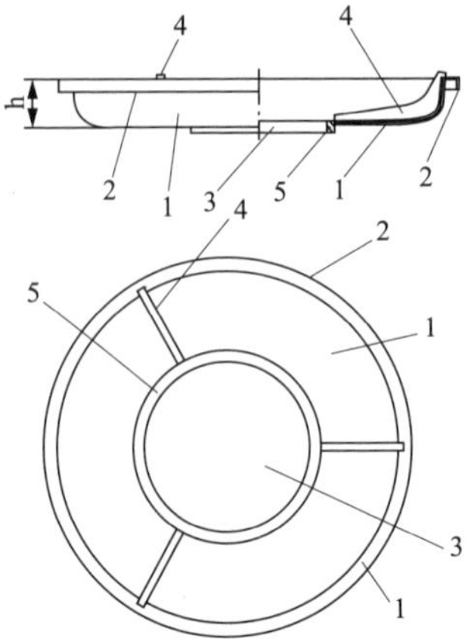

图9-3-1

【案例简介】该案涉及一种藕煤炉面板，具体为普通藕煤炉与炊具接触处的藕煤炉炉口部位的装置，其所要解决的是现有技术采用水泥等混合材料易干裂、降低使用寿命的问题。其权利要求1如下：

一种由主体（1）和炊具支承（4）构成的藕煤炉面板，主体（1）用金属板材冲压成形，尺寸h为20毫米至50毫米，主体（1）形似带有反边（2）、中间有圆孔（3）的“铜锣”或“盘子”，其特征是在主体（1）的圆孔（3）内镶嵌环形档火圈（5）（见图9-3-2）。

检索到两份现有技术证据：

对比文件1：CN2301616Y；对比文件2：CN2077519U。

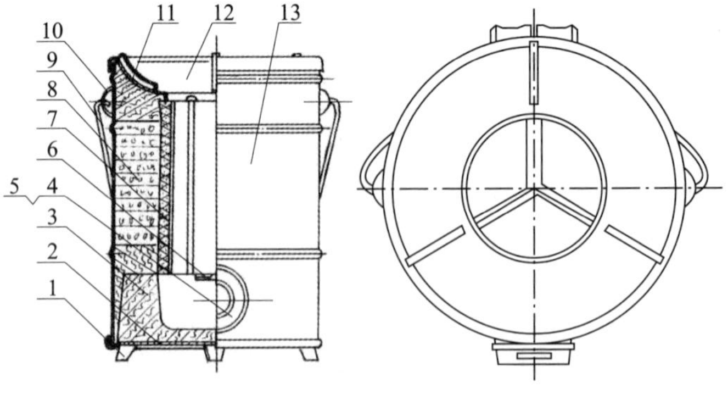

图9-3-2

对比文件1公开了一种系列聚热节煤炉，由炉脚1、炉底2、炉座3、炉嘴4、炉门盖5、炉栅6、炉胆7、保温层8、提环9、炉耳10、支撑11、炉面板12、炉身13组成，与炉身13联接的炉面板12是凹曲面形状，在凹曲面上固定有与凹曲面等弧的支撑11。炉面板12整体成型，炉面板12、支撑11、炉身13等均用0.5mm钢板制成。炉面板12下部有放置聚火板的台阶，下端有多条二次进风槽，上端翻边制成倒U形，倒U形外侧面有螺钉紧固孔，用螺钉与炉身13紧密联接。因此，对比文件1公开了该专利的“主体1、炊具支承4、主体1用金属板材冲压成形、主体1形似带有反边2、中间有圆孔3的‘铜锣’或‘盘子’”。该专利与对比文件1相比，区别技术特征在于：主体的尺寸h为20mm至50mm，在主体的圆孔3内镶嵌环形挡火圈。

对比文件2公开了一种微型桌炉，用金属制成外壳，将金属板冲压成型为整体炉筒6，在炉筒6的上口套上用冲压成型的弧形炉口罩2（相当于该专利的主体1），里面设置一个三翼聚热板1，在炉筒6底部安放一个可调节的多孔旋转风门4。炉筒6和炉口2均用$\delta=0.5$mm的钢板整体冲压成型（相当于该专利的主体1用金属板材冲压成型），直径为200mm，高为138mm。从说明书附图中可以看出，其炉口上口带有反边（未注有附图标记），中间具有开孔（未注有附图标记）（相当于主体1形似带有反边2、中间有圆孔3的“铜锣”或“盘子”），该专利与对比文件2相比，区别技术特征在于：主体的尺寸h为20mm至50mm，在主体的圆孔内镶嵌环形挡火圈。

基于上述区别特征的存在，该专利权利要求1所述的藕煤炉面板与对比文件1中的系列聚热节煤炉和对比文件2中公开的微型桌炉的结构均不同，并且由于上述结构的不同，使权利要求1所述藕煤炉面板与对比文件1中的系列聚热节煤炉和对比文件2中公开的微型桌炉的功能也不同。在该专利的说明书中，明确记载了在主体（1）的圆孔（3）内镶嵌环形挡火圈（5）的目的是延长该专利藕煤炉面板的使用寿命，由于现有的炉面板为整体冲压成型，其类似于“碗托”的部位直接接触火焰，长期受高温极易损坏，导致炉面板使用寿命缩短，该专利由于增设挡火圈，避免了前述“碗托”的部位直接接触火焰，减少了高温对炉面板主体的直接损坏，使用寿命得到较大延长。因此，对比文件 1 和对比文件 2 公开的技术方案均没有给出可得出该专利权利要求 1 中上述区别技术特征的任何技术启示，并且由于上述区别技术特征的存在使得该专利取得了良好的技术效果，本领域技术人员在对比文件 1 或 2 的基础上得出权利要求 1 保护的技术方案需要付出创造性劳动，因此权利要求 1 具备创造性。

【案例解析】该案的关键问题在于，上述区别技术特征中的“在主体的圆孔内镶嵌环形档火圈”是否是本领域的公知常识，本领域技术人员是否能将该结构用到对比文件 1 或 2 以得到权利要求 1 的技术方案，即现有技术是否给出了将该公知常识与对比文件 1 或 2 结合的技术启示。

该专利与对比文件 1 和 2 所属技术领域相同，该专利权利要求 1 所述的藕煤炉面板与对比文件 1 中公开的系列聚热节煤炉和对比文件 2 中公开的微型桌炉的结构不同，并且由于上述结构的不同，使权利要求 1 所述的藕煤炉面板与对比文件 1 中公开的聚热节煤炉和对比文件 2 中公开的微型桌炉的功能也不同。

类似于藕煤炉面板这样的产品，本领域技术人员在设计时，所要考虑的主要因素之一就是如何延长煤炉的使用寿命，而为延长藕煤炉的使用寿命，设计者通常会采取各种技术手段。该专利的说明书明确记载了在主体（1）的圆孔（3）内镶嵌环形挡火圈（5）的目的是延长该专利藕煤炉面板的使用寿命，由于现有的炉面板为整体冲压成型，其类似于“碗托”的部位直接接触火焰，长期受高温极易损坏，导致炉面板使用寿命缩短，该专利由于增设挡火圈，避免了前述“碗托”的部位直接接触火焰，减少了高温对炉面板主体的直接损坏，使用寿命得到较大延长。对比文件 1 通过提高炉具强度的方法来延长使用寿命的，而对比文件 2 也未公开有关延长煤炉使用寿命的内容，没有证据表明采用这种结构解决前述技术问题是本领域的公知常识。因此，对比文件 1 或 2 没有给出相应的技术启示。

9.4 有益效果应如何考量

关于有益效果，《专利审查指南 2010》第二部分第二章第 2.2.4 节规定：有益的技术效果，也可称为有益效果，是指由构成发明或者实用新型的技术特征直接带来的，或者是由所述的技术特征必然产生的技术效果。有益效果可以由产率、质量、精度和效率的提高，能耗、原材料、工序的节省，加工、操作、控制、使用的简便，环境污染的治理或者根治，以及有用性能的出现等发明反映出来。

对实用新型来说，与发明的创造性类似，“实质性特点”是实用新型专利创造性审查的核心和重点。在认定实用新型具有实质性特点后，一般可直接认定该实用新型具备创造性。实践中很难找到实用新型已经具有“实质性特点”，但因为不具备“进步”而被认定为不具备创造性的案例。通常情况下，“进步”可以作为判断实用新型是否具有“实质性特点”的辅助因素，即在难以认定某项实用新型是否具有“实质性特点”时，可以进一步审查该实用新型是否具有“进步”。对于机械领域，由于技术手段带来的技术效果通常是本领域的技术人员可以预期的，凡是能够取得技术效果的，只要不是完全负面的技术效果，都可以认为取得了有益的技术效果。例如，一个涉及汽车的实用新型，其将汽车装备的燃油发动机替换为电动机，虽然按照目前的技术水平，电动机的行驶里程仍然较短，达不到理想的水平，但其有利于环境治理、传动效率提升，因此取得了有益的技术效果。

9.5 现有技术的数量

对于实用新型专利而言，一般情况下可以引用一项或者两项现有技术评价其创造性，对于由现有技术通过“简单的叠加”而成的实用新型专利，可以根据情况引用多项现有技术评价其创造性。此处对一般情况并无直接定义，但可以通过特例进行反向排除。

对于审查指南中所述的“简单的叠加”，应当理解为多个相互之间无关联的技术特征的拼凑，拼凑后的各技术特征之间无相互作用、彼此不支持且没有相互配合或影响的情况。例如将公知的多个模块或部件都加装到一个壳体上，使各个模块或部件发挥自己本身的功能或作用，所述加装并不产生如同系统集成所产生的协同作业，也并没产生新的功能和作用。又比如将相互无关联的多个部件进行简单的连接，声称连接后的多个部件在使用时取得了比之前单个使用更方便的技术效果，以强调所述实用新型专利相对于现有技术具备创造性。然而，对于上述两种情况，由于这种拼凑后带来的所谓“新产品”的各部件间并没有发生任何功能上的联系，也没有发生相互作用或配合，所以这种拼凑对于本领域技术人员来说是很简单的，是本领域技术人员完全可以很轻易就想到的，其所谓“更方便”的技术效果也是本领域技术人员公所周知的，而且这种“便利”只是将多个部件集中起来带来的便利，并不是真正意义上技术性进步带来的便利，因此对于这种“拼凑”——“简单的叠加”——获得的技术方案，应当认为不具有实质性特点和进步，即不具备创造性。

【案例9－4】热管散热器

判断实用新型专利的创造性，所引用对比文件的数量并不是决定因素，关键在于从最接近的现有技术和实用新型专利实际所要解决的技术问题出发，判断现有技术是否存在技术启示，该技术启示是否显而易见，以及这种技术启示是否使本领域技术人员容易得到该实用新型专利所要求保护的技术方案。当需要基于多篇现有技术判断实用新型专利的创造性时，如果区别技术特征的不同部分所要解决的技术问题之间并无联系，且为解决上述技术问题而分别采用的技术手段之间也没有任何相互配合、影响或作用，则可以按照“简单的叠加”进行多篇现有技术的组合。

【案例简介】该案涉及一种热管散热器，其要解决的是现有技术中热管散热器整体重量大、热管与散热器接触面积小导致的热传导效率低的问题，其权利要求1如下：

1. 一种热管散热器，其特征在于包括：基座（1），设置有开口部（11）；导热板（2），呈U型，设置在所述开口部（11）中，其上设置有容置部（21）；散热体（3），设置在所述基座（1）上；至少一热管（4），具有至少一扁状受热端（41）与冷却端（42），所述受热端（41）设置在导热板（2）上，并与散热体（3）接触，冷却端（42）设置在所述散热体（3）的端面上（见图9-4-1）。

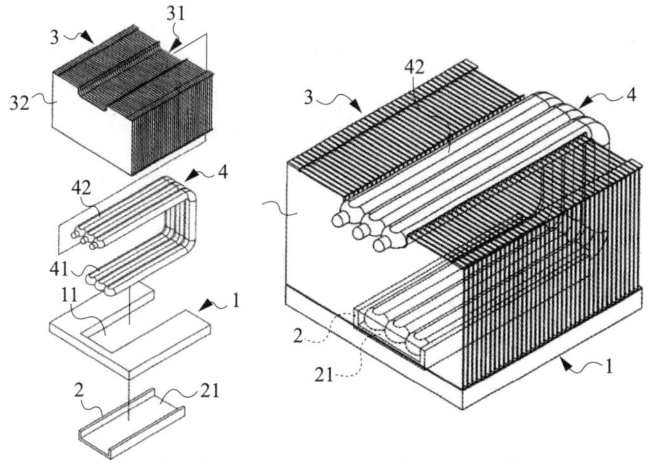

图9-4-1

检索到3份现有技术证据：

对比文件1：CN2658944Y；对比文件2：CN2472182Y；对比文件3；TWM249109。

对比文件1作为与该专利最接近的现有技术，其公开了一种散热装置，其中所述散热装置包括一基座10，在基座10的底面设置一凹槽100、顶面设有槽道101；在该凹槽100内嵌入一导热体11，导热体11是片状体；散热鳍片组4设置在所述基座10上；热管3、3’分别具有一受热部30、30’和一散热部31、31’，各热管3、3’的受热部30、30’设置在槽道101内，其底面与导热体11的表面相接触、顶面与散热鳍片组4的底部相接触，散热部31、31’设置在散热鳍片组4的顶部并与其相接触。另外，对比文件1中公开了导热体11可以由铜制成，而基座10可以由铝等重量较轻的材质制成。该专利的权利要求1与对比文件1相比，区别技术特征在于：（1）导热板呈U型，其上设置有容置部；（2）热管具有扁状的受热端和冷却端（见图9－4－2）。

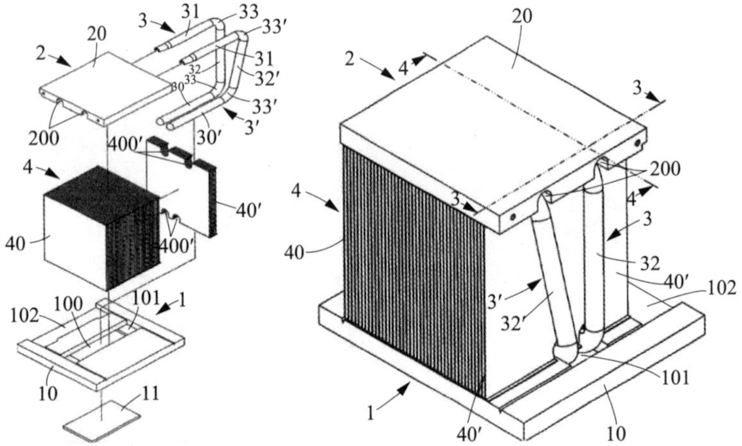

图9－4－2

对比文件2公开了一种散热模块，其中金属导热固定座34呈U型，且具有容置部放置导热管31，并且该金属导热固定座34设置在下金属片的开口中。且该特征的作用是为了与基座的开口部配合从而将导热板容置于开口部，并在导热板上形成容置部以容纳热管的受热端。

对比文件3公开了一种散热器结构，其中将热管设置成扁状，从而使热管与导热板、散热片组形成面接触，由此增加热管与导热板、散热片组的接触面积（参见对比文件3说明书附图3、4及其相应文字说明）。可见，对比文件3公开了区别特征（2）。且该特征所起的作用是使用扁状热管与导热板、散热片组形成面接触从而增大接触面积（见图9－4－3、图9－4－4）。

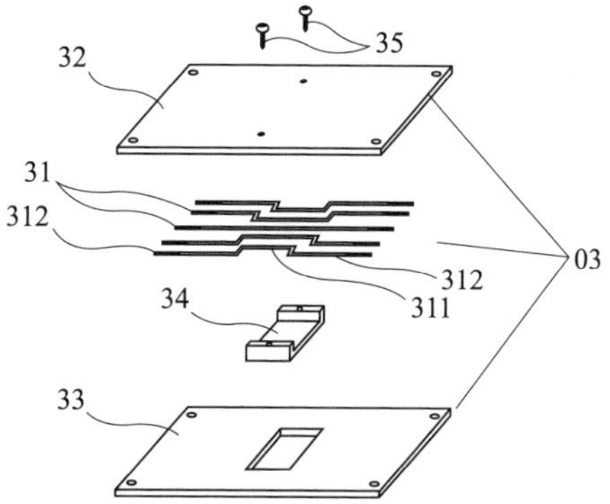

图 9-4-3

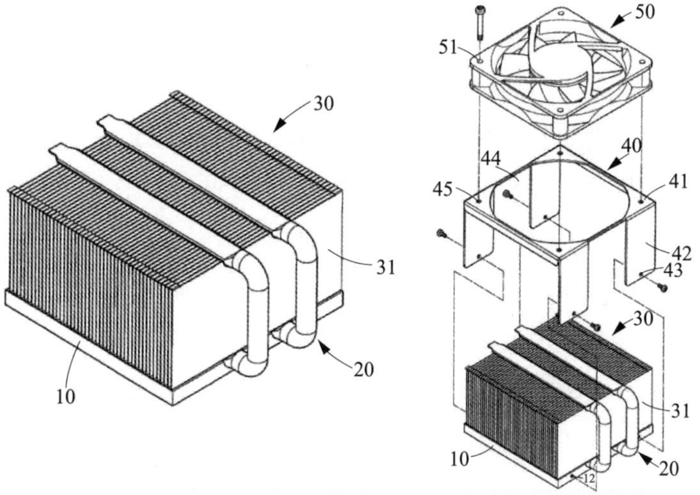

图 9-4-4

【案例解析】该案的关键问题在于，实用新型专利创造性评述一般情况下引用不超过两份对比文件，用 3 份对比文件来评价权利要求 1 的创造性，是否符合实用新型创造性判断的规定。

对于区别技术特征（1），该专利权利要求 1 将导热板设置为 U 型，其实际所要解决的技术问题是与基座的开口部配合从而使导热板容置于开口部，并在导热板上形成容置部以容纳热管受热端。对此，对比文件 1 已经公开了在基座 10 中形成“凸”字形开口部，并与片状导热体配合，使片状导热体容置于开口部下部并在导热体上形成容纳热管的容置部。可见，对比文件1已经给出了解决上述技术问题的技术启示，只是导热板的形状与权利要求1中的不同。而对比文件2公开了一种散热模块，其中金属导热固定座34呈U型，且具有容置部放置导热管31，并且该金属导热固定座34设置在下金属片的开口中。可见，对比文件2公开了区别特征（1），且该特征在对比文件2中所起的作用与该专利中相同，都是为了与基座的开口部配合从而将导热板容置于开口部，并在导热板上形成容置部以容纳热管的受热端，因此本领域技术人员在对比文件1公开的内容及技术启示的基础上，容易想到用对比文件2中的下金属片33和固定座34替换对比文件1中的基座和导热体。

对于区别技术特征（2），其要解决的技术问题是增大热管与导热板和散热体的接触面积。对此，对比文件3公开了一种散热器结构，其中将热管设置成扁状，从而使热管与导热板、散热片组形成面接触，由此增加热管与导热板、散热片组的接触面积。可见，对比文件3公开了区别特征（2），且该特征在对比文件3中所起的作用与该专利中的作用相同，都是使用扁状热管与导热板、散热片组形成面接触从而增大接触面积，因此本领域技术人员在对比文件1公开的内容的基础上，根据对比文件3的教导很容易想到将对比文件1的热管3、3’的受热部30、30’和散热部31、31’设置为扁状。

综上所述，对比文件2、3已经分别公开了上述区别技术特征（1）、(2)，并且这两个区别技术特征在对比文件2、3中所起的作用与在该专利中所起的作用相同，即对比文件2、3已经给出了将上述区别技术特征应用到对比文件1中以解决该专利实际所要解决的技术问题的技术启示。

实用新型专利创造性的评价标准问题，一直是审查实践中的难点，也是各方意见争论的焦点。其难点实质在于实用新型专利与发明专利在创造性高度上是否存在差别，其中之一在于在评价实用新型专利的创造性时，是否可以结合两项以上的现有技术？该案的争议最终也是集中在权利要求1是否可以用3篇对比文件来评价其创造性的问题上。对于实用新型，一般不采用3篇以上的对比文件结合评价创造性，主要是考虑到3篇对比文件相互结合较为复杂，其结合所需付出的创造性劳动一般足以使其具备创造性。

具体到该案，权利要求1的技术方案与最接近的现有技术的两个区别技术特征实际所要解决的技术问题完全不同，一种是导热板的容纳问题，另一种是增大导热管散热面积的问题，这两个技术问题本身没有任何内在联系。针对这两个技术问题，与该专利同属于散热器领域的对比文件2、3分别给出了明确的技术启示，对比文件2使导热板容置于基座的开口部，并在导热板上形成容置部以容纳热管受热端；对比文件3让热管与散热体之间形成面接触从而增大接触面积。可见，为解决上述两个技术问题而分别采用的技术手段之间也没有任何相互配合、影响或作用。在此情况下，本领域技术人员为了分别解决上述两个技术问题，可以分别在同一技术领域的两项现有技术中寻求技术启示，并且有动机将每项现有技术中存在的、可以解决相应技术问题的技术手段应用到最接近的现有技术中，以改进该最接近的现有技术，从而解决各自的技术问题。因此，权利要求1的技术方案即是审查指南中所说的“由现有技术通过‘简单的叠加’而成的实用新型专利”，可以引用多项现有技术评价权利要求1的创造性。